我们周围的昆虫

生活中的生物学

柳德宝 著

华东师范大学出版社

序言

在生活中，只要细心观察、勤于思索，就不难发现身边有趣的生物学难题，比如：蚕宝宝为什么爱吃桑叶、会吐丝，米蛀虫为什么可以不喝水，苍蝇为什么难打，跳蚤为什么难捉。生物界充满趣味盎然的爱恨情仇，由此产生奇妙的动物共生与相克，其间小蜘蛛居然能智斗大蛇而取胜，植物不靠农药却能吃掉害虫，克隆了猴子又能克隆大熊猫……物种演绎出丰富而精彩的生命现象。在19世纪科学研究的基础上，在孟德尔（G.Mendel）研究的基础上，摩尔根（T.Morgan）成了现代遗传学的鼻祖。后来学者又提出了基因学说，促使如今科学家在分子水平上研究生物学并取得了突破性的进展。

历经几十年的学术科研、普及提高工作，生物学已拓展成包括分子生物学在内的生命科学，它与自然科学中的各种学科纵横交叉，构成了一门综合性的学科。以此学科为导向，我“学而时习之”、“温故而知新”，从没间断过对这门学科的学习和关注，尤其是对昆虫学这门专业的学习。我关注国内外的相关创新、发现，不断地进行文献摘录、积累资料、编制卡片。在长年累月的学习研究中，更参考其中的昆虫生态学、生理学知识，编写了不少喜闻乐见的普及文章。

在这套“生活中的生物学”丛书的编辑工作中，华东师范大学出版社聘请中科院上海生命科学研究院青年硕士生唐艳同学为本人整理书稿。她在对书中章、节的编制整理上，充分发挥了她的特长。她以坚实的生物学基础，以浓厚的兴趣，不顾体倦神疲，全身心地投入，精细地编目辑录，使书稿凸显出层次、系列，使我从中获得启迪。谨致谢意。此书部分彩照为曹明先生所赠，亦致谢忱。

柳德宝

2018 年 7 月 5 日

目录

第一章

初识昆虫世界

采得百花成蜜后，不知辛苦为谁甜。

——[唐]罗隐《蜂》

（图片来源：全景）

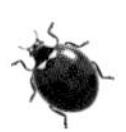

什么是昆虫?

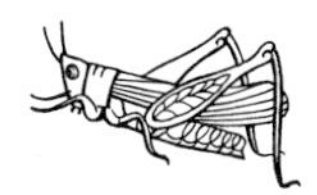

什么是昆虫?判别昆虫的标准是什么?

不要以为在地上爬的,有脚的虫都是昆虫。昆虫应具备的基本特征是:成虫都有六只脚,两对翅膀,以及身体是由头、胸和腹三部分组成的,而且脚和身体都分三节,比如蝴蝶、蜜蜂、蜻蜓等。昆虫在动物分类上属于节肢动物门下的一个纲。

除昆虫以外的一些无脊椎动物如虾、螃蟹、蜘蛛、蜈蚣等虽也会爬,都有脚,身体通常也分三节,也属节肢动物类,但它们的脚很多,都超过了六只,因此,不能算在昆虫家族之中。

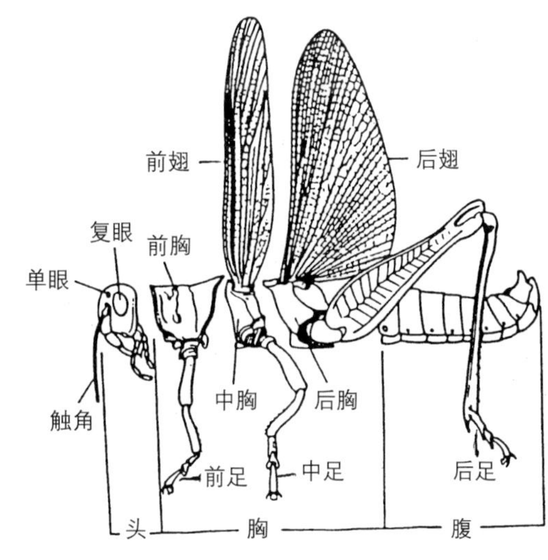

昆虫的身体构造

昆虫的身体分为明显的头、胸、腹三大体段。胸部生有四翅六足,这是对昆虫特征的概括。

“昆虫”一词的来历

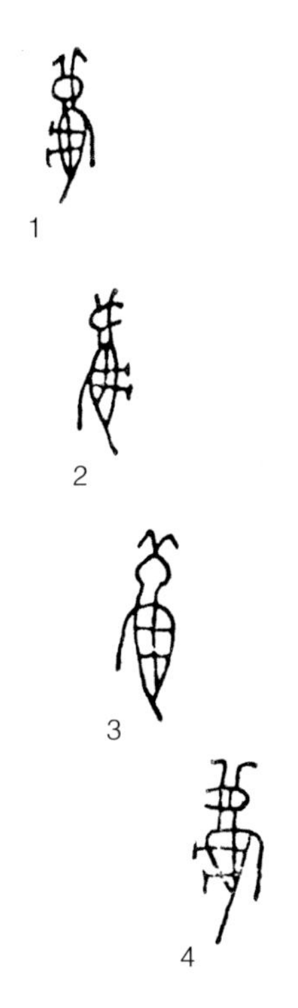

“昆虫”一词含义的解释，是在进化中来的。

从河南安阳出土的殷墟甲骨中我们发现，早在三千年前的商代，就已记载了9种昆虫，其中有蝉和蝗虫等。公元前2世纪成书的《尔雅》，已记录了80多种昆虫，虫种涉及蝼蛄、蚁、蝉、衣鱼、蛴螬等，还附上精美的图画呢！

1—7均为甲骨文中出现过的“蜂”字。

对“虫”的解释，《尔雅·释虫》篇中写道：“有足谓之虫，无足谓之豸。”古代也把包含人在内的所有动物都称为虫，鸟类为羽虫，兽类为毛虫，有甲壳的为甲虫，有鳞片的为鳞虫，身上没有鳞甲羽毛的为倮虫，通常指人。“昆虫”这个名词起源于汉代，在“虫”字前面加上的“昆”字，在字义上解释为众多，汉初成书的《大戴礼记·夏小正》说“昆者，众也”。古时“虫”的含义就如此广泛。明朝李时珍的《本草纲目》把动物分为虫、鳞、介、禽、兽、人共六部，但只是从药理上对虫作了进一步解释，没有从动物分类上作出研究结论。

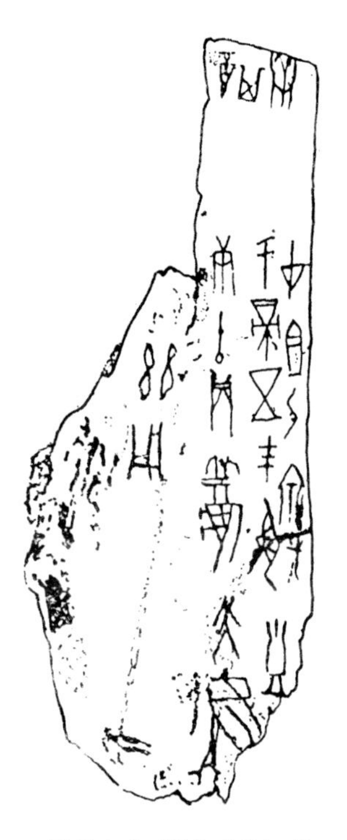
甲骨文中“蜂”字的记载。

与此同时，欧洲近代科学在不断发展，1753年瑞典博物学家林奈的名著《自然系统》问世，其动物分类法被世人誉为“林氏24纲”，他从自然史的科学分类观出发，建立了“昆虫纲”。在此基础上，后起的分类学家又进一步研究得出更明确的分类依据，他们将昆虫的基本特征规范为头、胸、腹三个体段和六只脚，在动物门中分出节肢动物门昆虫纲，俗称“六足纲”。

到了19世纪60年代，中国与西方文化科技交流甚密后，现代昆虫学作为一门现代生物学科传入中国。光绪十六年（1890年）方旭的《虫荟》，将219种小虫统归为昆虫卷，这是中国在文献上第一次将小虫之属定名为昆虫，并以规范名词记载。

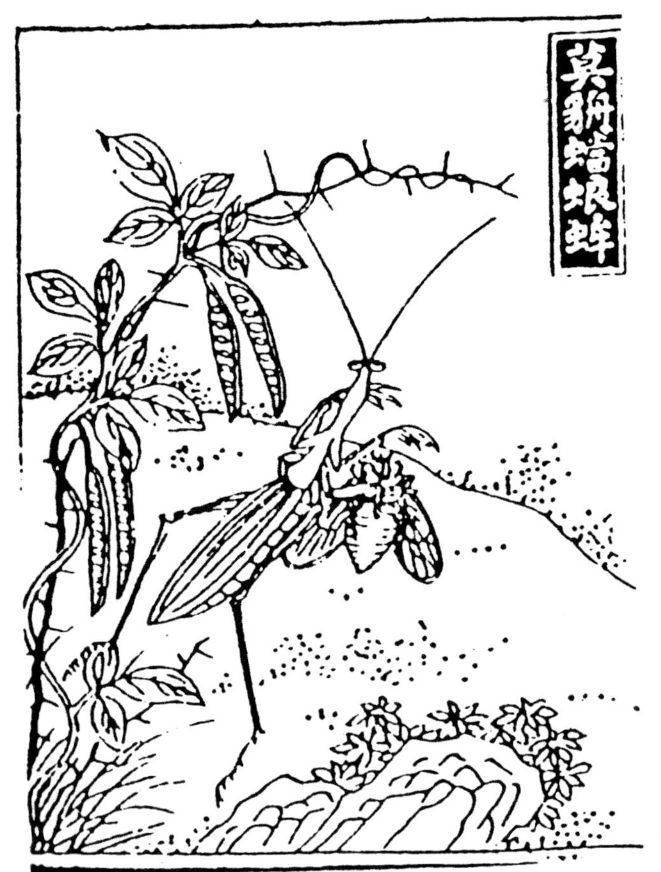

《尔雅》保存了中国古代早期的丰富的生物学知识。晋人郭璞把《尔雅》视为学习和研究动植物，了解大自然的入门书。他对《尔雅》所载的动物和植物进行了许多研究后编成《尔雅图》。后清嘉庆六年（1801年）学者曾燠根据所藏的宋代绘图本重新编撰出版，给今天的人留下了图文并茂的《尔雅音图》。
图为《尔雅音图》中绘的螳螂。

昆虫在动物界里的地位

我们从昆虫的化石中发现，昆虫的历史至少已经有 3 亿 5 千万年。至今繁殖着的昆虫大致有 300 万—500 万种，我国有 15 万种。昆虫是动物界中最大的家族，是节肢动物门的一个纲，种数占动物种类的三分之二以上。

从下图中我们可见昆虫种类之多了。专家们又把各种相近的昆虫分了类，以区别虫种的形态和性能，共分成 34 个目。其中，身上披着甲壳的鞘翅目昆虫数量最多，它们中危害树木的天牛就有几千种。接下来就数鳞翅目了，它们中又分为蛾、蝶两大类，蚕宝宝的成虫蚕蛾就是蛾类，当然，许多蛾子是害虫；艳丽的蝴蝶属于锤角亚目，我国有 1300 多种，人们赞美它们是空中飘飞的花瓣。再以下就是膜翅目、双翅目、等翅目等 32 个目。

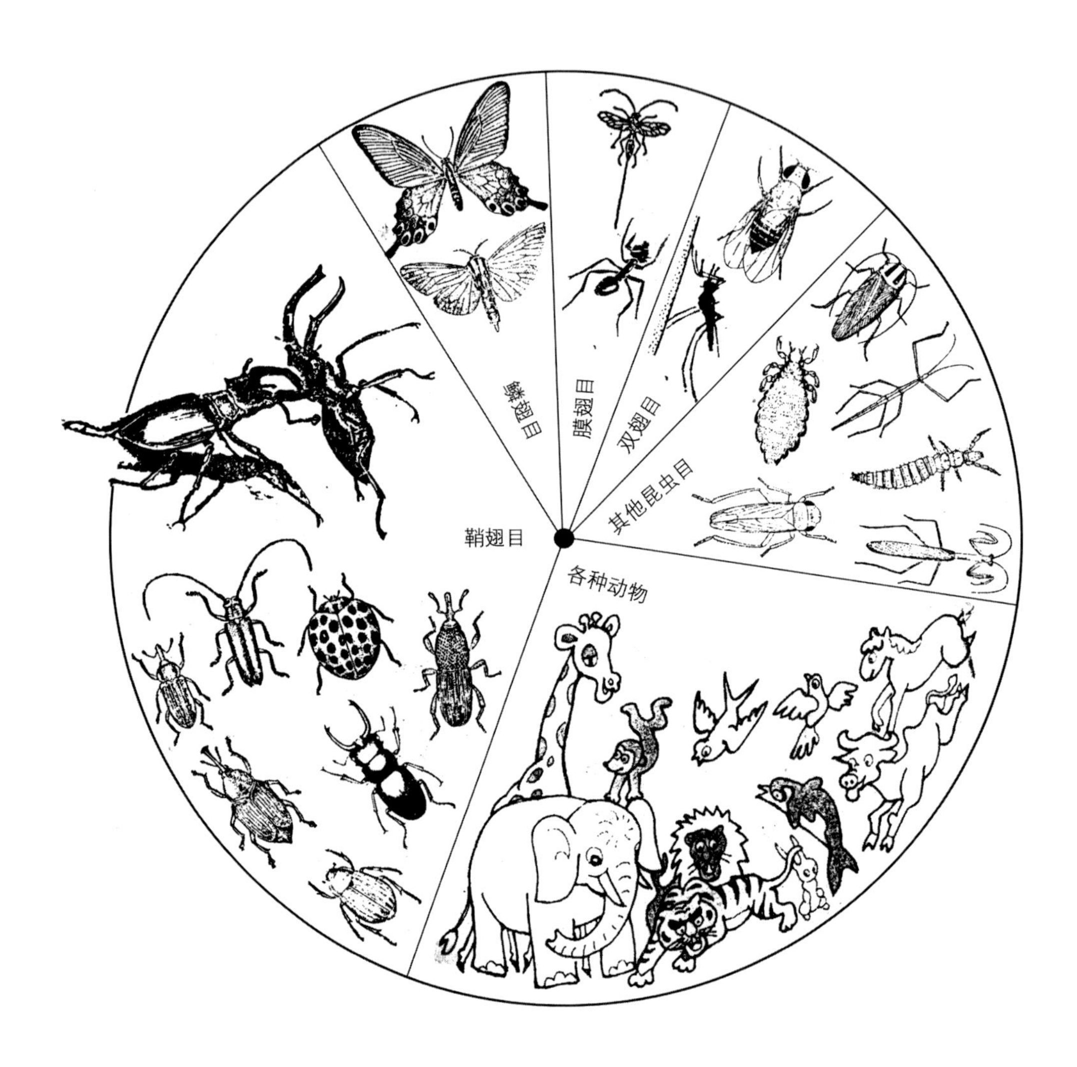

昆虫纲各目在动物界里的地位

昆虫是动物界中数量最多的家族，称节肢动物门昆虫纲，占动物种类三分之二。

昆虫——21 世纪的资源

资源，已成为当前全球性最重大的战略问题之一，开发资源已成了 21 世纪人类赖以生存的研究方向。而昆虫占了动物区系中的三分之二以上，它必将在未来的资源开发中独树一帜。

昆虫的益与害

昆虫与其他动物类群一样，经历了 10 亿—16 亿年的演化，才形成了今天多样性的格局。

采桑图（局部）

昆虫是地球上一项重要的资源，自有人类以来，人与昆虫就结下了不解之缘。考古工作证实，我国先民早在五千多年前的新石器时代，便已开始植桑养蚕。在出土的殷代铜鼎上铸有蝉与蚕的图像，以示它们为食用和衣着的原料，人死后口里含的玉蝉也是以蝉为食的证据。

虽然人们把昆虫分为有害和无害两类，但

1 宴乐渔猎攻战纹图壶，高 31.6 cm，口径 10.9 cm，腹颈 21.5 cm，总重 35.4 kg。
2 壶身展示图

战国时期宴乐渔猎攻战纹图壶（铜壶），壶身有表现当时人物活动的图样。壶颈部图可以看见树上、树下共有采桑和运桑者五人。图样表现了妇女在桑树上采摘桑叶，这也可能是后妃所行的蚕桑之礼。
（图片来源：www.dpm.org.cn 故宫博物院）

这二者并没有绝对的区分。有的害虫往往在发育阶段是有害的，待到繁殖期却是有益的，而且深受欢迎。如蝴蝶在幼虫期要啃食绿叶，而到了成虫期翩翩起舞时，却艳丽动人，有的稀有品种更是国宝呢！蝉在幼虫期吸食树根汁液，它的成虫却是药源和可观赏的昆虫。

所以，从生态的辩证观念看，从人对昆虫的需要看，真正要面对的问题是人类尚未开发、区别、充分利用昆虫。

多种多样的食用方式

人类食用昆虫的历史源远流长。近半个多世纪以来，各国统计可食昆虫有 5000 种左右，中国常食用的有 40 种左右，其食用方式多种多样。人们对昆虫的营养成分有很高的评价，尤其是昆虫的蛋白质、脂肪、矿物质和微量元素，其含量和质量之优，被公认为有希望作为人类未来食品营养的一大来源。

日本、泰国，还有我国广东、福建等南方一带，称蝗虫为“飞龙”，十分爱吃。他们惯用的料理方式是将蝗虫头一拉，肚内随即清理一空，再去翅，油炸后上调料，其味无穷。在

北方，则习用盐水煮熟晒干，与米混合制成粥或饼，或和在蔬菜内制成家常菜，也有去内脏、头、附肢煎炸酥松后而食。蝗虫胆固醇低，尤其氨基酸成分对人体有补充作用，其中部分氨基酸还是人体不易产生和从别的动物体不可得到的。随着科学技术的发展，人们必将能从蝗虫体中提取到此类氨基酸。

现在非洲、拉美地区已形成以昆虫为佳肴的市场。欧美一些国家把昆虫加工成罐头，还有专门销售昆虫食品的商店，种类有鳞翅目的幼虫、蝗虫、蚂蚁、天牛幼虫、蝉的幼虫和成虫、白蚁、蟋蟀等几十种。我国北京、上海等地，曾与虫源产地联合开发昆虫食品，将蝉、蚂蚁加工成软罐头，除油炸外，还将昆虫烘干磨粉掺在主食内制成面包或饼干等。

疗效显著的现代虫药

中草药是祖国宝贵的医学遗产，而虫药是中药材的重要组成部分。古籍《礼记》、《诗经》、《神农本草经》、《本草纲目》和《本草纲目拾遗》中，记载了100多种药用昆虫，但功用多以滋补和治表为主，停留在原虫入药、

仅经研磨水煎的初提阶段。近一个世纪以来，人们开始对昆虫药理方面加以研究。据统计，我国具有药用价值的昆虫有300余种，但已加以利用的仅40多种。尽管开发利用少，但在药理研究上却有长足进步，比如对斑蝥素抗癌药物的研究，已从过去原虫入药到现在用生物化学方式提取活性物质制成药品供医用。其他如蜂毒的药理作用、僵蚕的抗惊功效、蝉蜕的疗效、虫草和蚂蚁生化有效成分的进一步提取等研究，都有了进展。

近年来蚂蚁的药用在市场上大显身手，从电视、电台大量广告到商店大量供应和上海市民购买蚂蚁制品的踊跃情景，都说明昆虫药用的价值已被人们所认识。据初步了解，上海一地近年来被作为药用的蚂蚁达10吨，全国估计有40吨。蚂蚁可用的品种很多，目前我们主要用的是拟黑多刺蚁，如果年年按此销售数字消耗，自然界蚂蚁的繁殖将失去生态平衡，从而影响某些物种的繁衍。因此大量饲养可用性蚂蚁，已成了目前我们必须着手的任务。

蝇与蚊是人类的宿敌，现也可有益于人类。

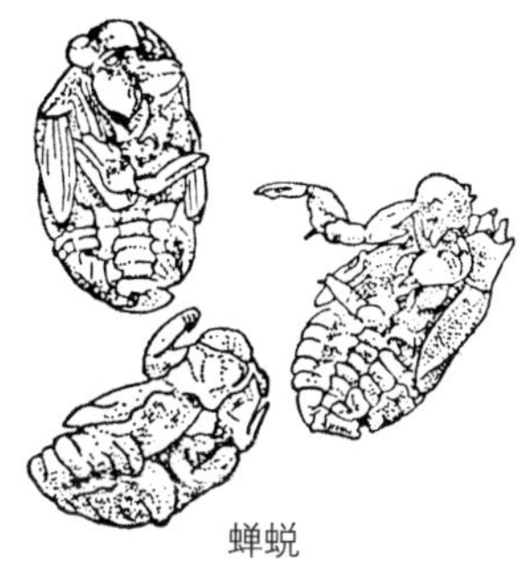

蝉脱落的干燥皮壳入药，治急性气管炎、咳嗽失音。

蝉蜕

理气止痛，温中壮阳，治胃病、肝肾虚弱、阳痿。

九香虫

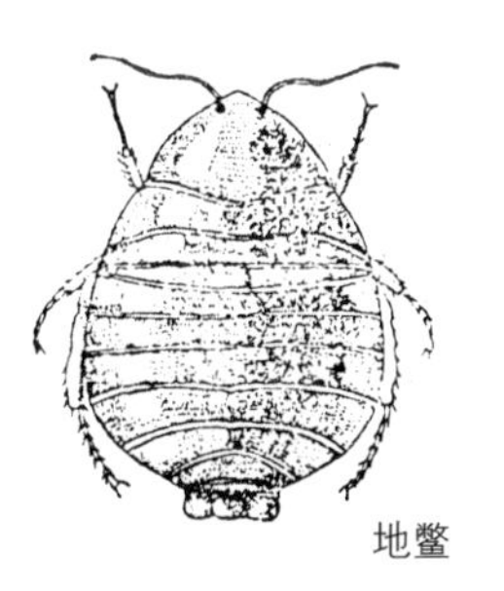

雌虫入药，治跌打损伤、水肿、经闭、产后腹痛。

地鳖

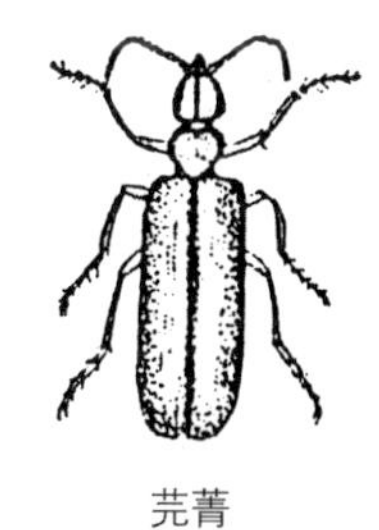

芫菁、地胆，治癌症恶疮。

芫菁　　地胆

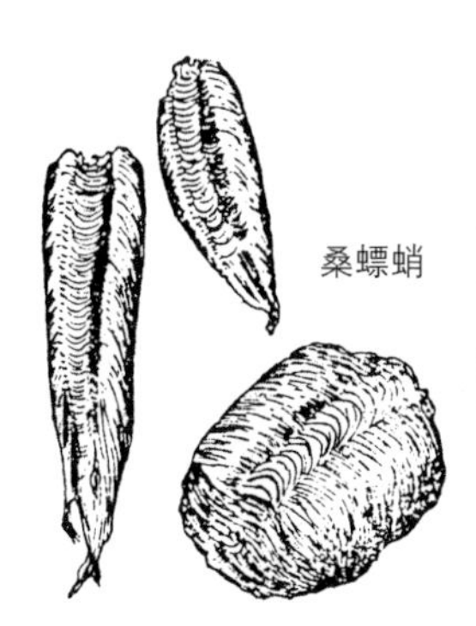

螳螂的干燥卵鞘入药，补肾壮阳、固精缩尿，治遗精白浊、赤白带下。

桑螵蛸

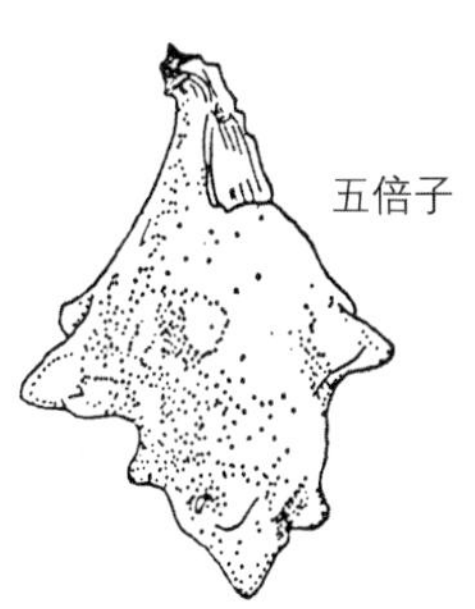

五倍子

五倍子蚜虫在树叶上的虫瘿，止血、敛汗、解毒，治肺虚咳嗽、久泻脱肛。

虫药

蚂蚁

第二次世界大战时，军医在士兵的伤口里发现有蝇蛆在吞食坏死的腐肉，待蛆变成蝇飞走后，伤口也愈合了。到了20世纪80年代，对蝇蛆在医药上作用的研究又悄然兴起，人们发现蝇蛆排泄的尿素是一种能起愈合作用的化合物，其抗菌蛋白可以消灭一切真菌微生物，具有极强的消毒作用。“蝇蛆蛋白”在我国已经专家鉴定。苍蝇的繁殖力居昆虫之首，一对苍蝇十个月可生育2660亿个蝇蛆，从中可提取纯蛋白质600吨以上，生产周期短、潜力大。在20世纪初，欧洲流行用按蚊引发疟疾，使人体发冷又发烧，借以治疗梅毒所引起的局部麻痹症。后来科学家研究出按蚊唾腺中的化学成分具有抗梅毒的作用机理，于是将按蚊作为一项新的药源。

无尽资源待开发

地球上的昆虫资源如此之丰富，经初步统计，大致有十个大类的资源昆虫已在为人类服务，这些也是今后要深入研究的。它们是食用昆虫，工艺与娱乐昆虫，天敌昆虫，饲料用昆虫，教材用昆虫，工业原料用昆虫，改良土壤用昆虫，

医药昆虫，授粉昆虫和指标生态昆虫。

目前，昆虫资源的利用，首先需解决种类和进化的研究。近年来，由于分子生物学的发展，科学家已经采用遗传工程中的蛋白质和核酸序列来作比较和鉴定。由于现代分子生物学的全面渗入，昆虫资源的前景更为广阔，对它的开发和利用必然会得到国家的宏观规划和微观扶持。

飞翔的石蝇

昆虫越冬

黑蚱蝉
黑蚱蝉在我国大部分地区的夏季都能见到。它的幼虫在土壤中刺吸植物根部，成虫刺吸枝干。

在那万木繁茂、千花竞放的时节，蜂舞花丛，蝉鸣树梢，昆虫界好一派繁忙景象！曾几何时，它们却像接到紧急通知一样：忽然销声匿迹了！

这芸芸众生果真“绝迹”了吗？不。它们只不过是在严冬来临之前，作了一番乔装打扮，然后躲藏了起来，以便熬过那严酷的冬日，待到春暖花开时“东山再起”罢了。

怎样越冬

人们把昆虫匿藏过冬的现象称为“昆虫越冬”，昆虫越冬的习性是它们长期适应自然条件季节性变迁而形成的，在长期适应的过程中，各种昆虫分别形成了各自的越冬特点，越冬虫态、越冬地点都各不相同：三化螟、二化螟、玉米螟等等以老熟幼虫在寄主残株中越冬；棉

铃虫以蛹在棉花、玉米、番茄等田块土下 3—10 厘米深处越冬；蝗虫以卵在土壤中越冬；山楂红蜘蛛以受精雌成虫，聚集在苹果等寄主的主枝、树干裂皮和各种缝隙中越冬；蚕豆象以成虫在豆粒中越冬；大袋蛾幼虫躲在它自己造的一只袋中越冬；马铃薯甲虫以成虫在土中越冬，而且随着寒流的到来，会深入地下几十厘米处筑巢而居，在那里度过几个月的冬天。

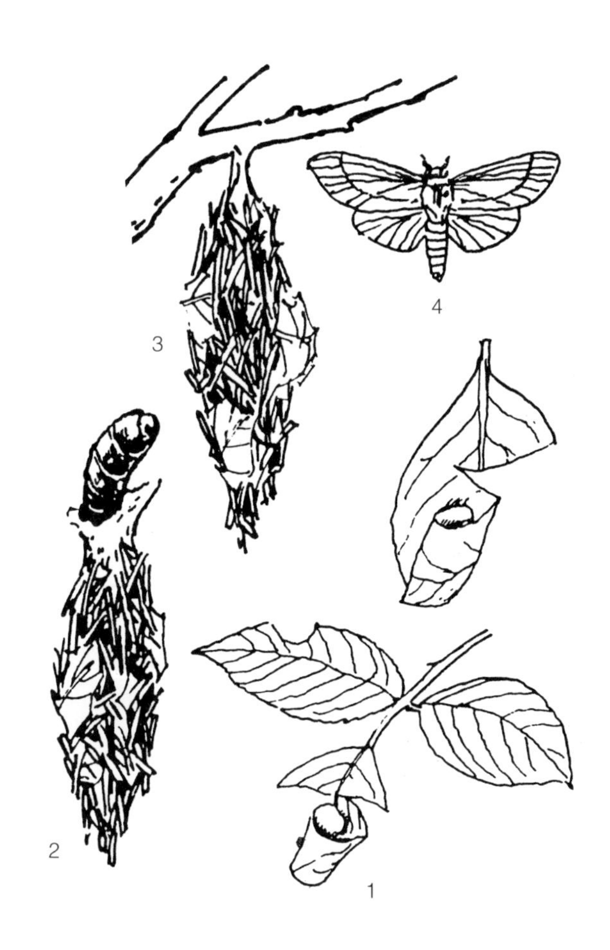

大袋蛾幼虫躲在自己造的袋子中越过冬天。它选了一片树叶，用树叶把自己裹得紧紧的，它在里面安然过冬。在第二年天气转暖，它变成成虫飞走了。

此外，有些昆虫可以两三种虫态越冬。例如蚱蝉以卵和幼虫，黑尾叶蝉以若虫和成虫，水稻象虫以幼虫、蛹和成虫越冬。

昆虫越冬的奥秘

为什么冬季将临时不少昆虫都会纷纷进入越冬状态？为什么处于越冬阶段的昆虫能活到来年春天？对于这些问题科学家曾进行了专门的研究，认为原因是多方面的，其中主要是受自然因素的影响。自然因素中主要是光周期、温度等因子。光周期的变化导致昆虫生理的变化，致使那些在长日照下生长的昆虫进入休眠状态；其次是温度的作用。昆虫对温度的适应范围较广，约在10—40℃之间，其中最适宜的温度范围约在25—35℃之间，当温度降到10℃以下时，昆虫便逐渐进入休眠状态。按照昆虫对环境条件的反应，昆虫的越冬可分为停育和滞育，停育是由不适宜的环境条件（如温度、湿度和食料等）直接引起的，如果满足昆虫对这些条件的需要，便可逐渐恢复其生长发育。昆虫的滞育有一定的遗传稳定性，由于光照、温度和湿度等条件不适宜，引起昆虫在某一时

期进入滞育状态后，要经过一定的时期才能恢复生长发育，在这一时期，即使给以合适的环境条件也不会很快地恢复其生长发育。昆虫在越冬前，生理上要有一定的准备，主要表现在脂肪、糖等有机物质的积累上，含水量和呼吸强度降低，耗氧量和二氧化碳释放量减少，抗寒、抗水、抗药能力增强，有了这些条件，昆虫便逐渐处于“睡眠”状态了。科学家研究了昆虫的防冻能力，发现昆虫不同于高等动物，其体内循环系统没有动、静脉和毛细血管，唯有通过心脏压缩使体液流通，从而把营养物质带给细胞，维持其生命。经多年研究已知这类体液中含有一种特殊的甘油和一种乙醇，能降低昆虫体内的结冰点，从而使体液在0℃以下时还保持流动状态，被科学家称为含有“防冻液”的“血液”。昆虫可以依赖它的帮助度过漫长的寒冬，待到大地回春，天气回暖，这种防冻术也暂避一旁，虫体也跟着解“冻”了。当然如果遇上突发的严寒和深度的冰冻，昆虫也会被冻死的。

金龟子

（图片来源：全景）

冬虫冬治

越冬是昆虫抵御不良环境求得生存的一种手段，却是人们集中消灭害虫的有利时机。

害虫进入越冬阶段后，活动性大大降低，越冬场所虽然广泛，但相对来说却比较集中，花较少的力量，就可以取得较好的效果，在预测预报的基础上，破坏其越冬场所，使其不能安全越冬。结合冬耕冬翻，清扫田间作物的残枝落叶和地表上的杂物。将禾本科作物，如水稻、玉米、谷子、高粱等残茬中的害虫居室来个大翻身，使害虫暴露在低温严寒之下，这样可加速害虫死亡，一般死亡率可达 20%—60%，有的甚至更高。在冬春季节将玉米秸秆处理掉，能消灭在其中越冬的玉米螟等害虫。铲除田间田边杂草也是冬季防虫的一项重要措施。因为害虫的越冬寄主比较广泛，不限于其所为害的主要作物，害虫还可在另外一些作物或野生寄主中越冬，因此必须注意到零星的残留作物及杂草，及早采取烧、沤等方法加以处理，以防止其中潜藏的害虫次春迁移到大田中繁殖为害。

昆虫越冬，各显神通。

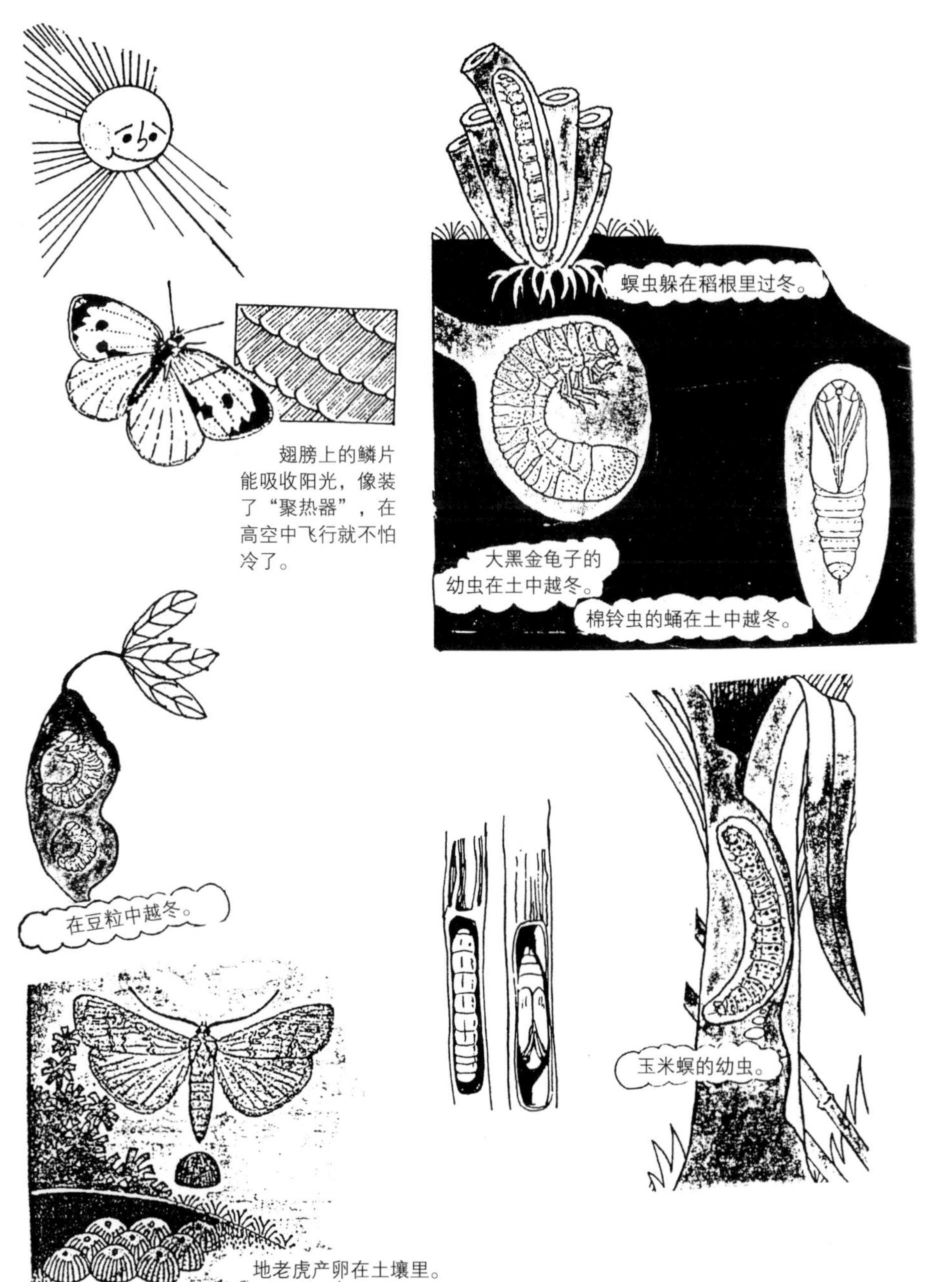
翅膀上的鳞片能吸收阳光，像装了“聚热器”，在高空中飞行就不怕冷了。
螟虫躲在稻根里过冬。
大黑金龟子的幼虫在土中越冬。
棉铃虫的蛹在土中越冬。
在豆粒中越冬。
玉米螟的幼虫。
地老虎产卵在土壤里。

昆虫的子孙——卵

昆虫的繁殖力大得惊人，一对普通的苍蝇一年能繁殖5亿5千万个卵，一只蚁后每天能产卵1万粒以上，蟑螂靠着繁殖的本领，竟在地球上传宗接代了3亿年。由于昆虫繁殖力强，造成的损失也是骇人听闻的，历史上最大的蝗虫繁殖纪录是1889年红海上空出现的蝗虫群，估计有2500亿只，重量达55万吨，飞行时声震数里，遮天蔽日；1944年我国山西23个县发动25万人参加灭蝗，共灭蝗虫1200多亿只，可见昆虫卵的数量之大，令人惊叹。

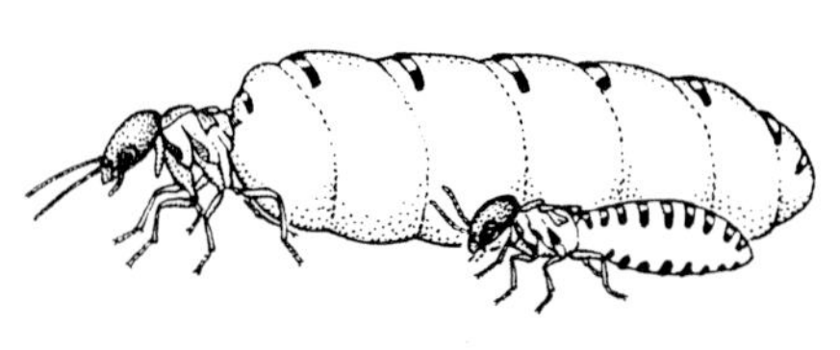

白蚁的蚁后和蚁王。白蚁具有超强的繁殖力，一只蚁后每天能产卵1万粒以上。

那么，你见到过昆虫产卵吗？或者有没有见到大批的虫卵？其实这是很难见到的，因为昆虫产卵极其巧妙多样。它们把卵产在叶片、石缝、树皮、泥土、食品内的遮蔽处，即使暴

昆虫的子孙——卵很难见到，它们都把卵产在哪里了？

蝴蝶产卵在树叶和草叶上待儿女出世后，就以叶为食。

天牛在树皮缝隙里产卵。

天幕毛虫把卵产在树枝上并做了伪装，其他动物如鸟类误以为是植物的一部分。

三化螟在水稻叶片上产卵。

小蜂产卵在虫体内。

蜻蜓在水中产卵。

草蛉在叶片上产卵。

露在外，也由于卵体纤小，又有各种保护形状或保护色，因此不易被发现。昆虫的产卵器官也很奇特，又很有趣，它们有的善于切割，有的能钻洞，有的如锯齿。姬蜂是消灭害虫的能手，它的产卵器长达6英寸，能伸进树皮深处，找到害虫后，把卵产在它体内。有的昆虫在植物内钻一个孔，把卵产在植物组织内部，如锯蝇的产卵器上长着锯齿，可锯开植物组织产卵。

雌虫产了卵，还有办法保护卵的生存呢。蚊子把几百粒卵粘在一起，两头翘起，底部平坦，像条船浮在水上，不致沉入水底溺死，待卵孵化出孑孓（幼虫），便可在水里流动了。有一种放屁虫，雌虫把卵产在雄虫背上，雄虫整天驮着没有出世的儿女，用自己的体温供卵慢慢发育孵化，直至儿女出世。蟑螂会分泌一种保护液体，既快干又防水，且能把小蟑螂产在硬壳内，牢固地粘在阴暗遮蔽的缝隙内，待小蟑螂孵化后，就可各自去谋生了。

随着科技的发展，人们除了用杀虫剂消灭害虫外，还创造了各种以虫除虫的办法，如寄生蜂就是把卵产在害虫体内，待在害虫体内的

一只瓢虫正在树叶上产卵。
（图片来源：视觉中国）

卵孵化后就会把害虫的五脏六腑吃得精光，这是因为卵中有一种起引诱作用的信号化合物，科学家用科学方法把这种化学物质提取后，喷洒在害虫的卵上，结果，引诱了寄生昆虫来产卵，而害虫的卵就在一场生物信号战中被消灭了。

玉米螟蛾是玉米的主要虫害，图为玉米螟蛾幼虫。赤眼蜂是玉米螟蛾的天敌，它在玉米螟蛾幼虫体内产卵，赤眼蜂幼虫孵化后会把玉米螟蛾幼虫吃光。所以，聪明的人类会在玉米地里投放大量的赤眼蜂，用虫治虫，以生物战消灭植物的害虫。
（图片来源：百度图库）

奇妙的昆虫嘴巴

世界上的昆虫千千万万，它们吃的东西也奇出怪样，糖、盐、画笔、木塞、书、衣料、石油，甚至还有坚硬的金属。当然稻谷、肉类、果蔬更是它们日常的“饭菜”。昆虫几乎什么都吃，所以在动物世界中昆虫吃的食物是最多、最广的。

虫子能吃这么多的东西，这是因为它们那非常厉害的口器（嘴巴）帮了大忙。昆虫嘴巴的样子可多着呢！由于它们取食的种类和方式不同，嘴巴的形状也各不相同，一般是刺吸式、虹吸式、咀嚼式、舐吸式、嚼吸式这五种，它们吃食时的巧妙表演使人叹为观止。

长着刺吸式嘴巴的昆虫，最常见的要算蚊子、跳蚤、臭虫和蝉了。将讨厌的蚊子放在显

嘴巴的功能

蚊

刺吸式

蝉、蚜虫，用针样的口器吸取植物的汁液。

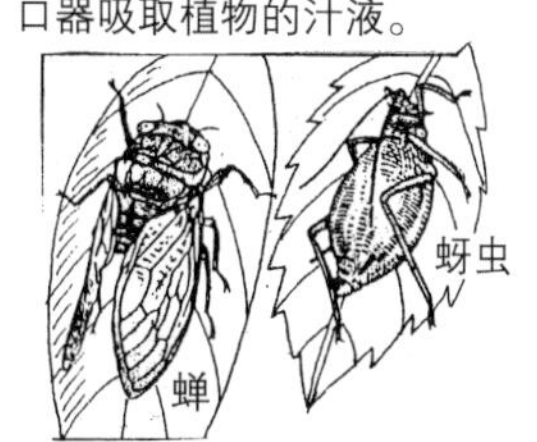

微镜下观察，它们的嘴巴像把挺拔坚韧的利剑，在这“利剑”内还藏有五把“小剑”哩！其中两把“小剑”上长着锋利的锯齿，用来割破皮肤，另外三把“小剑”又作了分工，其中一把像“舌头”一样的能伸到皮肤的血管里，同时把唾液一起带进去，它的作用是使血液不致凝固；还有两把“小剑”合起来便成了一根细细的管子，能够把人体里的血液吸上来，被吸上来的血液就成了它们丰盛的美餐了。

有像吸管那样的虹吸式嘴巴的昆虫，最常见的要算飞蛾和蝴蝶了。它们的嘴巴像钟里的发条卷曲着藏在头部下面，待到取食时“发条”突然弹开，形成一条弧状的空管子，它能一直挺伸到花蕊里去吸蜜，或吸取树木流出的蜜液，或吸取果实成熟时的果汁。它们的嘴巴还有品尝各种液体滋味的能力，如果同时放盘糖水和白开水在它们面前，卷曲的嘴巴就会伸到糖水里去。

虹吸式
蝴蝶的口器像钟表发条一样伸入花蕊吸蜜。

长有咀嚼式嘴巴的虫子可多啦！有蜻蜓、蚱蜢、蟋蟀、蚕宝宝等等。在它们的嘴巴上，前后左右长着“嘴唇”，每片“嘴唇”犹如一

颗牙齿或者像片薄刀，上面密密地长着锯齿，它能把食物钳住，随后锯齿把食物左右前后地一块块切下来送入嘴里。蚕宝宝吃桑叶都是用脚抱住桑叶的边缘，然后用钳子般的嘴钳住叶子，接着一上一下把叶片切下，大批蚕宝宝在吃桑叶时，还会发出“嚓嚓”的响声呢！

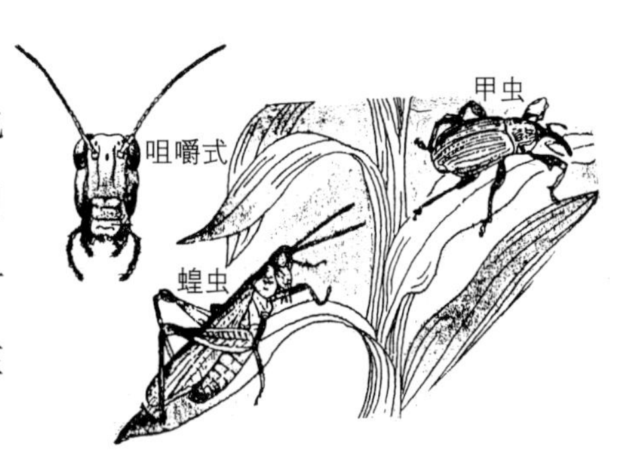

蝗虫、甲虫能咀嚼食物，还会切断撕破食物。

昆虫嘴巴里还有帮助食物消化的一种分泌物。当吃进去的是素食类，如植物的叶、茎、根和果实部位，分泌物中含有一种能分解纤维素的消化酶，使其中的淀粉变成一种“单糖”，成为一种美味可口的“果酱”，最后到达肠胃时就被吸收消化掉了；吃荤的昆虫是以食肉为主的，它们在聚餐各类动物的肉体时，嘴里有一种分解蛋白质和脂肪的酶，经化学变化后可使食物变成一种可口的肉浆和帮助肠胃进一步消化的食品。

舐吸式
蝇舐吸牛马的皮肤血液。

嚼舐式
蜜蜂的口器。

小小昆虫，发达的肌肉

人们在电视荧屏上看到老虎、狮子跳跃奔驰时，那粗犷而优美的肌肉运动，让人惊叹不已！在欣赏人体健美表演时，那匀称又隆突的线条，更令人赞美不止。但你知道吗：小小昆虫的各种运动，接近音速的飞翔，瞬间的弹跳，连续的爬行，别具风格的游泳等，其中也有着肌肉的功劳。

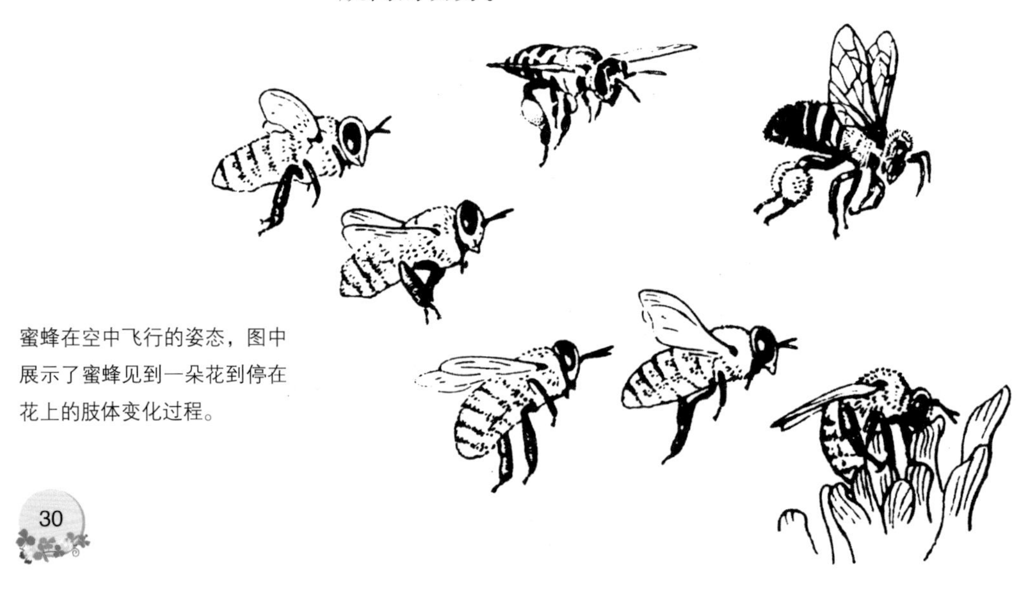

蜜蜂在空中飞行的姿态，图中展示了蜜蜂见到一朵花到停在花上的肢体变化过程。

惊人的肌肉运动

任何动物的运动，除依仗它的头、胸腹、翅膀、四肢外，还有全身肌肉的功力在配合着，昆虫虽小，但它的肌肉特别耐疲劳。比如蜜蜂以每秒 1.5 米在高速飞行时，它的翅膀每秒钟要振动 260 次呢！家蝇的飞行每秒要挥动翅膀 200 次，蚊子每秒振动 594 次。跳跃昆虫的弹跳高度可超过自身体长的几百倍到几千倍，其中跳蚤跳跃的高度可超过自身的 40 倍，甚至更多。昆虫的牵引力远非高等动物能比，如蚂蚁可以拉动一只苍蝇爬行 100 多米，贮于穴洞；一条皮虫幼虫靠口吐一根细丝挂在树枝下随风荡漾，这种刚柔并济的动作，令人咋舌。

蝗虫在空中飞行的姿态。

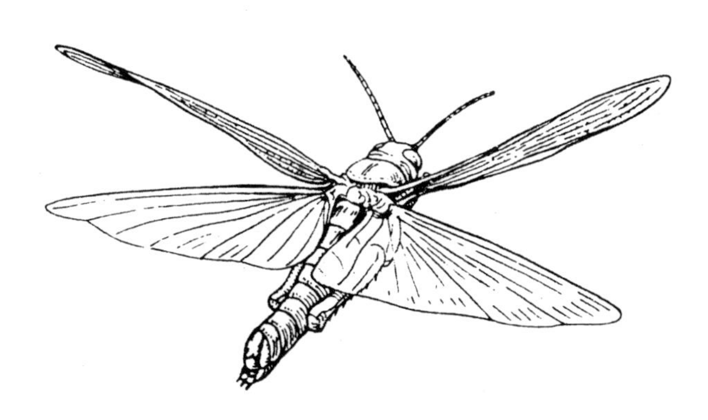

当你逮住一只蜻蜓后，触摸翅膀与胸部的连接处，那里的热度要比身体的其余部分都高，这是频繁的振翅运动所产生的热量。艳丽的蝴蝶有时停着不飞，却在不断地拍动着翅膀，目的是当肌肉运动时，身体能产生足够的热量，以便随时可以起飞。所以昆虫的飞行速度与翅膀上下振动的次数有十分密切的联系，翅膀振动得越快，飞行速度也越快，这就非得依仗强有力的肌肉牵动不可。

惊人的纤维数目

发现昆虫有如此强有力的肌肉运动，是随着电子显微镜的问世，科学家观察到在昆虫的体壁下及内脏器官上，有着无数的肌肉纤维蛋白，分别称为体壁肌和内脏肌，它们比任何其他动物都来得发达而严密。这些肌肉的伸展与收缩，牵动着各个器官运动。

有趣的是这类肌肉的纤维数目，比人类及其他脊椎动物要多得多，人类的肌肉纤维还不到 800 条，而蛾子、蝴蝶等鳞翅目的幼虫，肌肉一般有 2000 条，有的达 4000 条以上，蚱蜢约有 900 条，这些由蛋白质组成的肌肉，它们

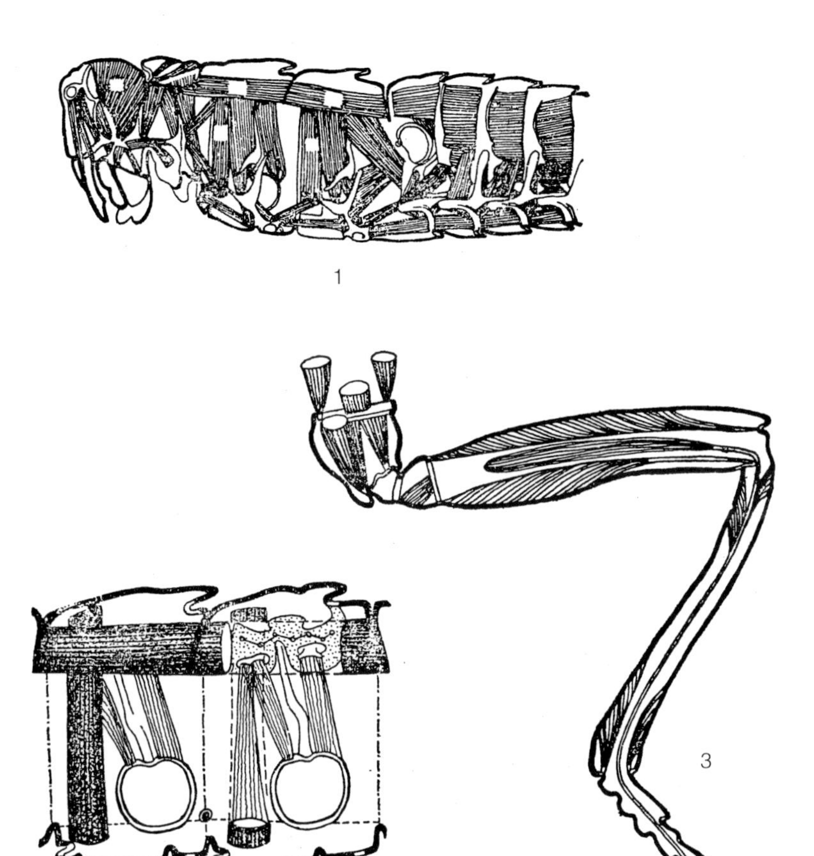

飞蝗的肌肉

1. 体壁肌　2. 飞翔肌　3. 腿部肌肉

有着强大的聚合或伸缩能力，当这些蛋白分子在运动时，又加入了一位帮助蛋白分子运动的朋友，简称高能“酶”，这种高分子有机物也是由蛋白质组成的，它的作用有如车轮滑动时需要燃料的燃烧才能驰行一样，它能使虫子的肌肉一张一缩，张缩自如。以蝗虫的跳跃肌肉的张力为例，在科学仪器的测试下，每克蝗虫的肌肉就有20000克的张力，即使行动迟缓的竹节虫，每克肌肉也可产生13000克的张力，可见威力之大了。

肌肉神经的研究

随着现代技术的发展，科学家在深入研究昆虫肌肉组织时，发现昆虫有一种运动神经细胞，它能指挥各种肌肉的快慢活动。在第二次世界大战中德国法西斯使用了灭绝人性的毒气武器，后来将尸体的肌肉神经解剖后，发现这种毒气中含有一种有机磷的化学物质，它能破坏神经细胞的正常运动，使人体肌肉强烈痉挛或处于麻痹状态，最后导致死亡。后来科技人员就利用这种化学物质制成农药杀虫剂，称为有机磷杀虫剂，喷洒在害虫蔓延的庄稼田里，

使害虫的神经细胞受到侵害：它使虫子的肌肉不时地痉挛颤抖，由于肌肉运动过量而死亡；反之，又使昆虫的肌肉不能活动自如，逐渐麻木、迟缓至瘫痪而死。

昆虫机器人

美国科学家把昆虫的肌肉运动模式用到了计算机上，在计算机掌握下做成了昆虫机器人。他们首先将一种昆虫足上的肌肉蛋白分子，变成化学方程式，然后将方程式编成亿万个计算机程序符号，接着将这类肌肉符号置入机器人的手、足、头里面，当人们在远距离按动遥控装置时，机器人的手、足所进行的活动，犹如放大了的昆虫肌肉运动，步履稳当，旋转正确，力大无比。这种令人惊异的新技术将广泛模仿昆虫的各种肌肉运动，称为仿生学，在未来的尖端科学年代里，这类生物电子计算机或生物成分电子计算机，将为人类的现代化服务。

第二章

蝴蝶的花花世界

我国的珍稀蝴蝶

阿波罗娟蝶
这种美丽稀有的蝴蝶，仅在我国新疆地区可见。

蝴蝶，要算是昆虫世界中的“华丽”家族了。它那五颜六色的翅膀，闪烁着艳丽的光彩，飞舞在空中，给人一种美不胜收的高雅享受，所以诗人比喻蝴蝶是“会飞的鲜花”。因为蝴蝶美，所以是被昆虫爱好者收集、观察、研究、记载较多的一种昆虫。在纷繁的记述中，介绍它的美与恶、奇与丑的事例，都让人感到饶有兴味，尤其是珍稀的蝴蝶种更能引起世人的注目。

珍贵和稀有种

蝴蝶属昆虫纲鳞翅目下的一个亚目，称为锤角亚目，亚目下又分了科、属、种。蝴蝶的种类，全世界粗略统计有 17000 多种，在我国发现有 1300 多种。有的品种数量很多，从世界屋脊到东海之滨，从大兴安岭到天涯海角，随处可见。

但属于稀有品种的却不易寻觅，收藏的则更少。全世界大约有 300 种蝴蝶已处于濒危状态，其中分布在我国的就有 10 多种。

国务院公布的《国家重点保护野生动物名录》中，著名的金斑喙凤蝶，美称“蝴蝶仙子”，为国家一级保护动物。金斑喙凤蝶在世界上为中国特有，属稀世之宝，它那小小的肢体上遍布着翠绿色的鳞片，闪耀着幽幽的绿光，同它乌亮的翅脉交织相映，特别是后翅中央镶嵌着一对蚕豆瓣似的金色大斑，更是光彩夺目。

属于国家二级保护动物的有中华虎凤蝶，分布在浙江、江苏、湖北等地，被欧洲国家视为珍宝。

中华虎凤蝶

中国珍稀蝴蝶。

阿波罗绢蝶，色彩素淡，翅薄如绢，在世界上有记载的共 37 种，而我国有 27 种，被国家昆虫学家定为稀有种。还有，被欧洲视为名贵稀有的大紫蛱蝶，在我国属常见种，而在世界上属稀有种。

蝴蝶有许多科、属、种，其中美丽的凤蝶是一个大科。有一种叫做金黄裳凤蝶，它的翅膀左右展开达 150 多毫米，是祖国大陆上最大

的蝴蝶。

另有一种叫三尾褐凤蝶，全世界仅有四个品种，其中有两种出自中国。它们不仅稀有、美丽、多姿，而且价值昂贵，外国收藏家愿用重金购买，可见它们的身价了。

三尾褐凤蝶
中国珍稀蝴蝶。

有一种雌雄同体的蝴蝶，十分罕见，千万只中很难找到一只。它们半雄半雌，或者一半为雌、一半雄雌混杂。这种雌雄环蝶飞舞时，闪耀着青蓝色的光环。它们的翅薄似锡纸，好像一碰就会破碎似的。

还有一种“七彩蝶”，观赏者在七步外，每向前一步，所见七彩蝶的薄翅翼上会闪现出不同的光泽，共有七种色彩，变幻在你眼前。

蝴蝶的艺术价值

的确，蝴蝶的翅膀与其说是飞行工具，不如说是精美的艺术品，这种艺术的美来自翅膀上的鳞片。这些鳞片形状各异，有针形、鹅毛形、瓜子形、菱形、扇形……真是千姿百态。而鳞片是由特异的色素细胞组成的。近来，科学家对蝴蝶的翅膀又深入作了研究，发现其美丽的色彩不仅是色素的作用，还有翅膀上几丁质的

金带凤蝶
中国珍稀蝴蝶。

构造，使它们对光线巧妙地折射，就呈现出五彩缤纷、绚丽夺目的颜色了。

多姿多彩的蝴蝶现在已成为一种日益繁荣的国际和地区贸易中的宠儿，全世界每年成交贸易达1亿美元以上。在巴布亚新几内亚、巴西、印尼、马达加斯加以及我国的台湾，都有专门从事蝴蝶贸易的机构。在巴布亚新几内亚，有规模宏大的蝴蝶饲养场，是好几公顷的大花园，农民们在花园里种了许多能吸引蝴蝶的植物，让各种蝴蝶飞到这儿来产卵。当卵孵化后，又保护幼虫在植物上生长。其后，农民把蝶蛹收集起来，使它羽化成蝴蝶，经加工后，便成了收藏家的藏品和家庭装饰品了。

二尾褐凤蝶（曹明摄）
中国珍稀蝴蝶，主要分布在云南、四川等地。

我国的台湾也是世界著名的蝴蝶中心。那里不仅是蝴蝶生长、繁殖的好地方，还设有专门的工厂，几万名工人每年把大约5亿只蝴蝶制作成各种精美的工艺品出售，每年可获得上千万美元的收益呢。

蝴蝶仙子

金斑喙凤蝶（曹明摄）
这是国家一级保护的珍稀蝴蝶，有“蝴蝶仙子”的美称。

我国的珍稀蝴蝶中有“蝴蝶仙子”的佳话，它就是国家一级保护动物的金斑喙凤蝶。

那是在19世纪中叶，西方列强用炮舰轰开了中国大门后，西方文化、宗教、自然等的“考察”接踵而来，他们对中国珍稀动物资源尤其“眼馋”，对昆虫珍稀种更是敏感。1922年英国人在与闽赣毗邻的广东连平首先偷猎到三只雄性金斑喙凤蝶，其中两只被作为标本收藏在英国伦敦自然博物馆里。到了1933年，武夷山的桂墩发现了一只雌性的金斑喙凤蝶，那时的采集人员不懂珍稀类蝴蝶，把珍珠当作鱼目，谁知被一个“识货”的德国人弄走了，他偷天之功，据为己有，绘声绘色地将凤蝶瑰美的气派和采集经历宣扬描述了一番后，不声不响地收藏了

起来。此后，日本昆虫学家村山修一知道了真相，在文章上揭露此事，引起世界轰动。半个多世纪过去了，这个天香国色的金斑喙凤蝶已销声匿迹。

1961 年，我国邮电部计划发行一套 20 种中国珍贵蝴蝶标本邮票。由于金斑喙凤蝶是难得见到的稀有品种，为了寻找标本，不得已借助外国资料，英国博物馆员工也因此骄傲地说："如此漂亮的蝶种，它产在中国，而标本只有我们的博物馆里才有！"

中国昆虫学家因此发愤在国内寻找此类蝶种，经过多年艰苦的采集、寻觅、分类，终于有了自己的珍奇品种。20 世纪 90 年代中期，中科院动物研究所和东方标本公司队员待在武夷山有几个月，一天猝然有人喊"蝶"，大家循声望去，果然空中有一只彩蝶，它扇动斑斓羽翼，雍容华贵，翩翩起舞，东飞西荡，他们持网追捕，可它机警得很，一见人影就飞去，在紧张的围捕之下，终于成了采集队的战利品。欣喜之下，队员们对此蝶种觉得似曾相识，它展翅 115 毫米，体长 31 毫米，全身绿色，尾突奇异，采集队员

倍加小心，将其带到了北京。

在北京的中国科学院动物研究所里，有一位世界著名的蝶类学者，也是中国蝴蝶分类的尊辈——研究员李传隆教授。他常年在野外采集，跑遍了大半个中国，发奋在国内不断寻找金斑喙蝶种，这次他从分类学角度作了鉴定，指出这的确是金斑喙凤蝶。它比一般蝴蝶大，身上披满的黛色鳞片闪着幽光，翅后两道如同飘带的尾突增添了它的风度，最引人注目的要算那两块金斑了。金斑喙凤蝶属于喙凤蝶属，迄今在世界上为中国所特有，这种蝴蝶因为稀有而美丽，它飘逸轩然，有种超凡脱俗的魅力。蝴蝶的体型是雌大雄小，数量上却是雌少雄多，这种悬殊比例有的是 100 比 1，有的甚至是 1000 比 1，在蝴蝶的爱恋中，雄蝶为了觅寻稀少的配偶，真是觅呀觅知音，最后多数成了“光棍”，而雌的对雄的更专一，既要相貌好，又要健壮，一经婚配，绝不二心。这次采集到的是一位“忠贞夫人”，而且是国人第一次捕到的雌性金斑喙凤蝶。

李教授描述了在我国首次发现时的艰难情景和后来在广东、福建数次采集到这类蝶种的

情形，并从珍藏着的标本橱中拿出一只标本盒，指着盒内的几只蝴蝶说：“看，这三只就是雄性金斑喙凤蝶。”只见在它那杨叶大小的躯体上遍布着翠绿色的鳞粉，闪耀着的幽幽绿光，同它那乌亮的翅脉脉纹交织相映，特别是那双后翅中央镶嵌着的一对蚕豆瓣似的金色大斑，更是光彩夺目。在三只雄蝶身旁，还有一只雌蝶，它体型肥大，全身褐色，也是难得的标本。大家看了异口同声赞叹“啊！真漂亮”，为有幸目睹这珍稀蝴蝶的真容而感自豪。

每当国内外贵宾来访，李教授就拿出珍藏的标本介绍。它们雌雄依偎在一起，更是光彩夺目，人们还给它们起了雅号，叫“蝴蝶仙子”，意思是此种蝶是独一无二的。据 1987 年统计，全世界共有九只标本，两只早已被外国人占有了，七只在中国，其中六只分散在国内各生物研究单位。

有位外国专家访问武夷山保护区的标本陈列馆，见到了传奇的金斑喙凤蝶的标本，他愿出一万美元买这枚标本，被当地研究人员拒绝了，它是国宝，稀世之珍，怎么能让它再次流落国外。

2

3

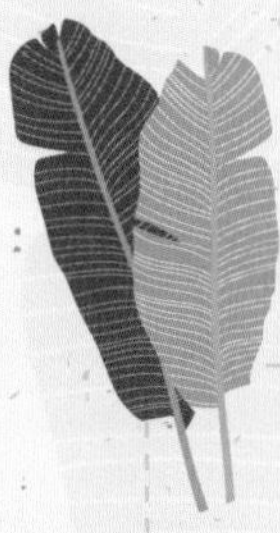

中国的珍稀蝴蝶

1 金斑喙凤蝶

2 阿波罗娟蝶

3 大紫闪蛱蝶

4 二尾褐凤蝶

5 红肩粉蝶

6 金带喙凤蝶

7 金翼凤蝶

8 三尾褐凤蝶

9 中华虎凤蝶

6

7

4

5

1

8

9

识蝶与扑蝶

识蝶而后扑蝶，是为了采集标本，更好地研究蝴蝶的生活习性。倘若滥捕蝴蝶而致使生态失去平衡，这并非笔者的原意了。

从城市到郊野去赏蝶，我们常被轻盈起舞的蝶与蛾所迷惑。其实，蝴蝶与蛾类种类不同，却是近亲，同属昆虫鳞翅目。蝶与蛾的相同处是成虫都有一对触角，一对翅膀，在翅膀上都有闪闪发光、粉末状的鳞片。不同处是，蝶的触角像敲锣的棒锤，也有的呈棍棒状；蛾的触角多数是羽毛状或丝状。蝶的翅膀表面色彩美丽，翅面阔大，身体（腹部）瘦长；蛾类的翅面没有蝴蝶那么艳丽多彩，翅膀大多较小，腹部较粗短。蝴蝶停留下来时，一对翅膀便竖立在背上；而飞蛾的翅膀是向身体两旁展开推平

的。蝴蝶活动时间在白天，翩翩起舞于花草丛间，而蛾类常在夜间活动，时常向有光线的灯光扑去。根据上面所举的特征，把蝴蝶和蛾子区别开来后，就能扑到真正的蝴蝶了。

怎样区别蝶和蛾

蝶和蛾看起来很像，但仔细区别，它们的触角、翅膀、身躯都大不同。在打算做蝴蝶标本前，先要把蛾和蝶区分开来。

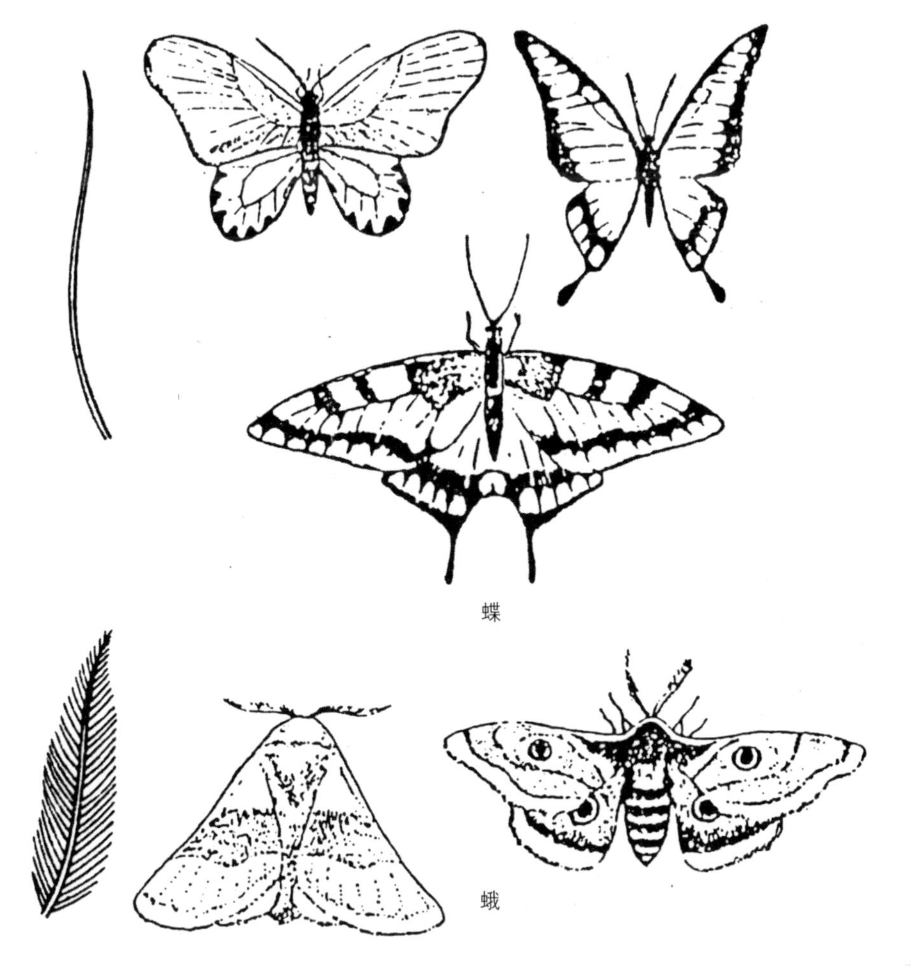

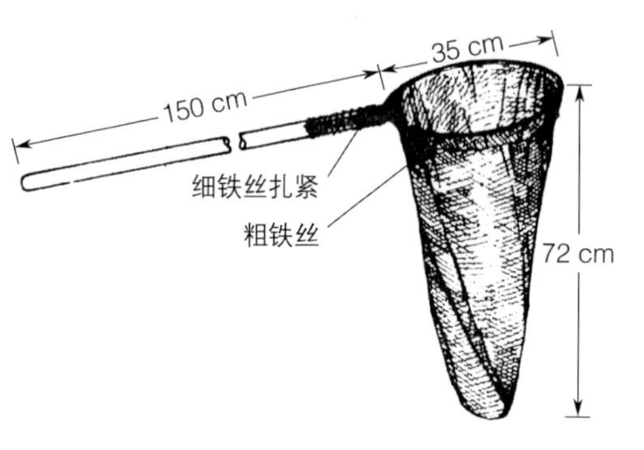

自制一只捕虫网。

采集蝴蝶，要有窍门。捕虫网是必不可少的工具，做捕虫网的网柄材料有木、竹、金属等。柄长1.5米，网口直径35厘米。网袋的用料，可用粗棉布、尼龙纱、棉麻布或蚊帐布等。袋布忌用深色，白色或绿色的比较适宜。网口不能太大，以免小型蝴蝶飞走。

在花丛中采集蝴蝶时要看它活动的姿态而定，停在花上的蝴蝶用捕虫网横扫，角度不要过低，齐着花的顶部扫正好，避免花损蝶飞；在空中飞舞的蝴蝶遇疾风时要逆风兜捕；在平地上或草丛间的蝴蝶，要右手握网，左手提网底，柄由上而下垂直地罩下去；在树干上的要逆着风势兜向蝴蝶，蝴蝶受惊就飞入网内；在河边、溪流旁飞翔停留的蝴蝶，可以在两侧的河滩上挖一圆洞，然后放些发酵的甜食，如糖、蜜、烂瓜烂果，引诱蝴蝶，蝶飞来后只要把捕网罩在洞上，提起袋底，便可采集成功。

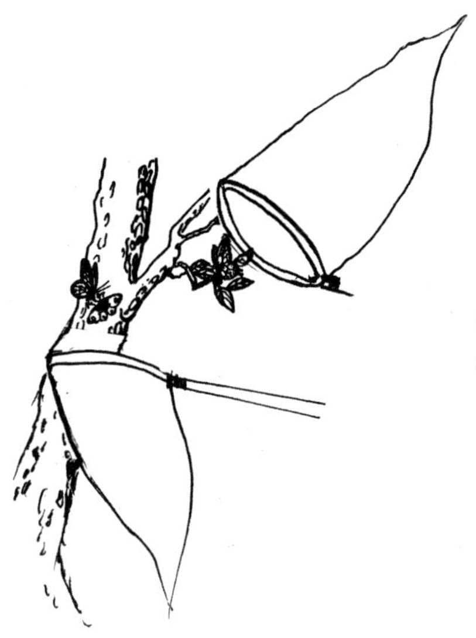

怎样扑蝶

蝴蝶在空中、在树上、在花上飞舞，要用不同的技巧去扑蝶。识蝶后扑蝶是为了采集标本，更好地研究蝴蝶的生活习性。切勿滥捕蝴蝶。

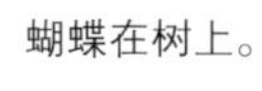

蝴蝶在树上。

蝴蝶在花上。

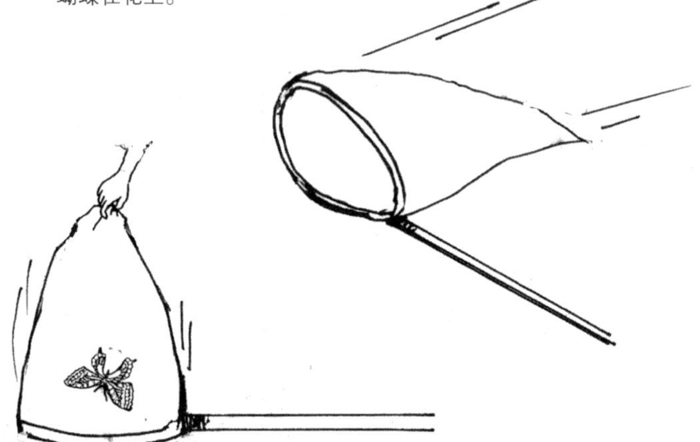

蝴蝶在空中。

怎样制作形态逼真的蝴蝶标本

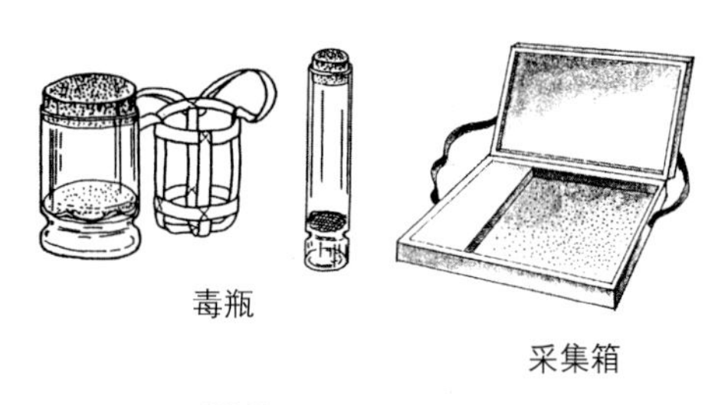

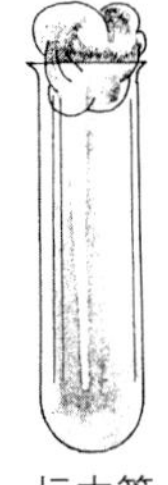

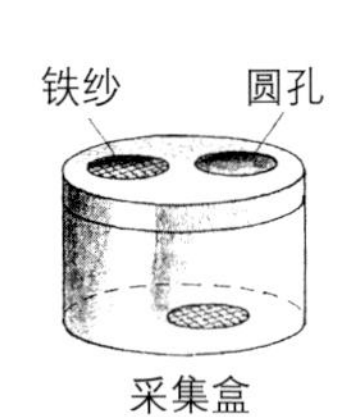

采集标本工具
成虫在毒瓶中杀死后，要及时移入标本管或小匣子，幼虫应放入装有酒精的标本管。

蝴蝶采到后，得将其置于装有挥发性化学品的瓶内，这样才能保证蝴蝶形态完整。自制时，可选用广口瓶一个，瓶底平铺0.5—1厘米厚的细木屑，上面再铺一张滤纸（草纸可代用，防止蝴蝶挣扎时与木屑混在一起）。挥发性化学品可选用氯仿、氨水或乙醚（任选一种即可），倒在木屑之中。这些药剂挥发很快，因此还可以用药棉蘸少许放在瓶中，以保证效果。最好随捉随蘸随用。

蝴蝶置于瓶中一两天后就可制作标本。此标本最宜青少年制作。用昆虫针直刺虫体中央（与虫体须成直角），然后用一块质地较软的木板做标本的展翅板。展翅时

将左右两翼展开，左右前翅后缘成一直线为基准，然后用纸条覆在翅上（纸条可用昆虫针固定在展翅板上），再把头、足及触角整理一下，使其保持天然的姿态。然后置于不沾尘埃的器皿中让其干燥，等完全干燥后，再将纸条拆去，即可放入标本盒或其他器皿之中。一件完整的标本就这样制成了。

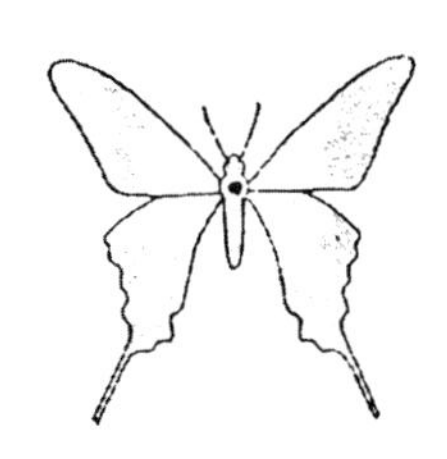

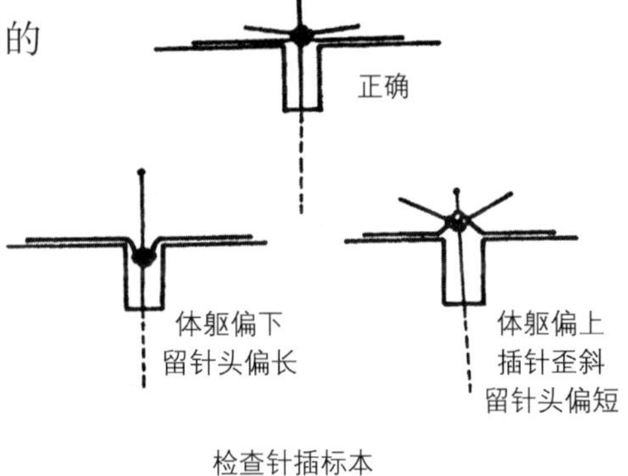

检查针插标本

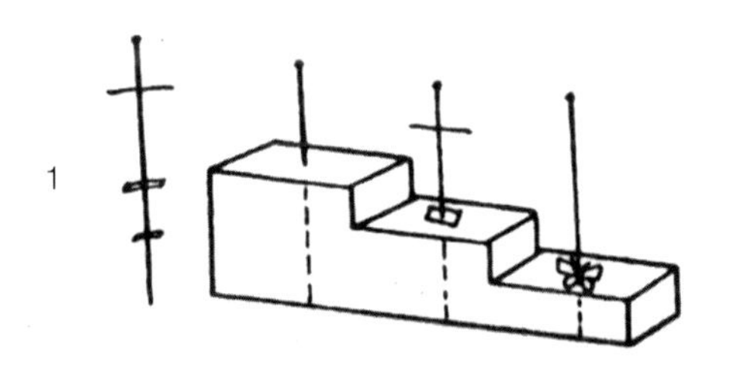

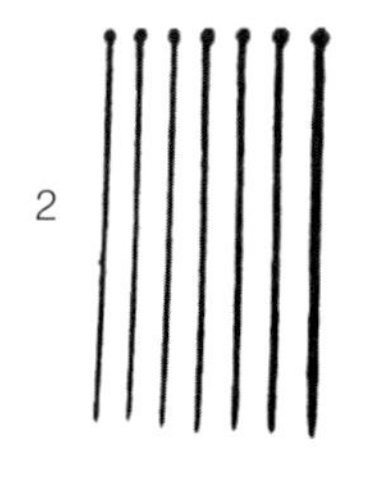

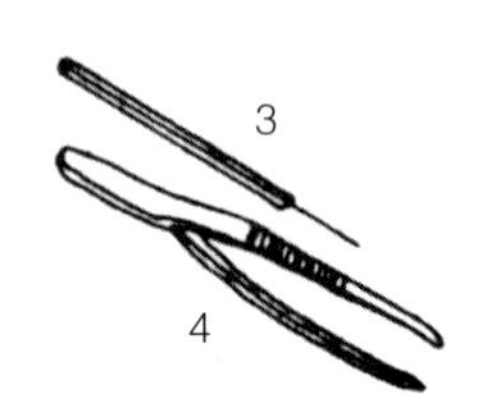

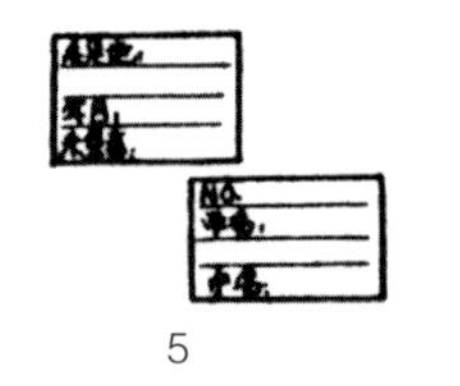

制作蝴蝶标本时需要的工具

1 三级台　　2 昆虫针
3 拨翅针　　4 镊子
5 标签　　6 樟脑丸

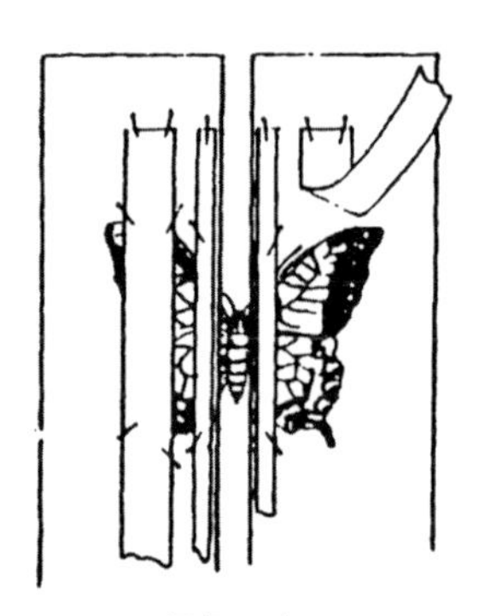

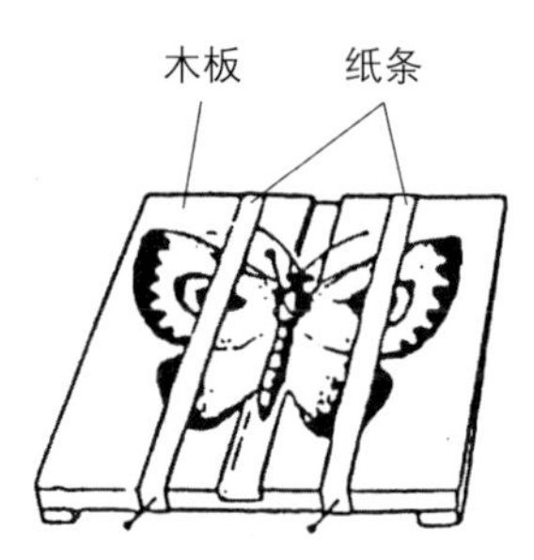

展翅固定

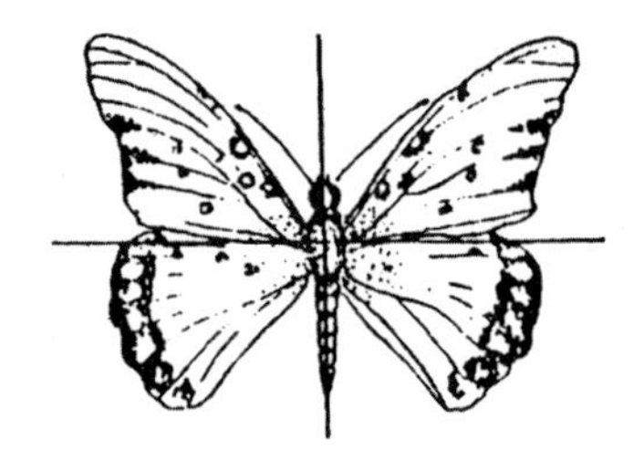

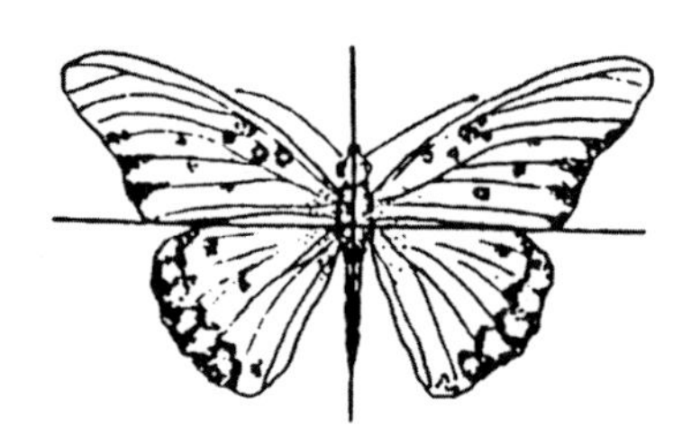

蝶类的展翅

左边为初展时前后翅的位置，右边为干燥后前翅的位置。

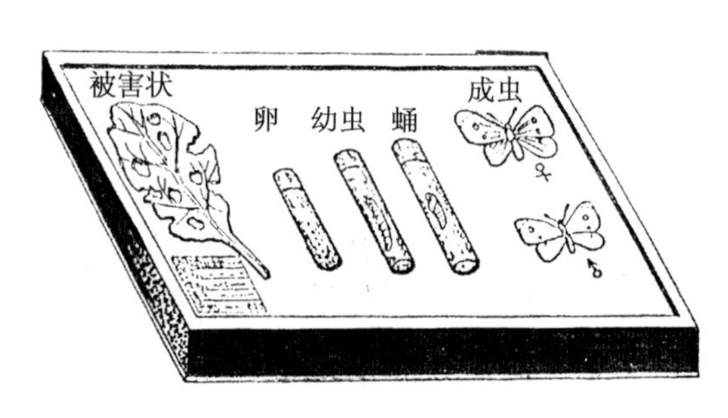

制作为标本

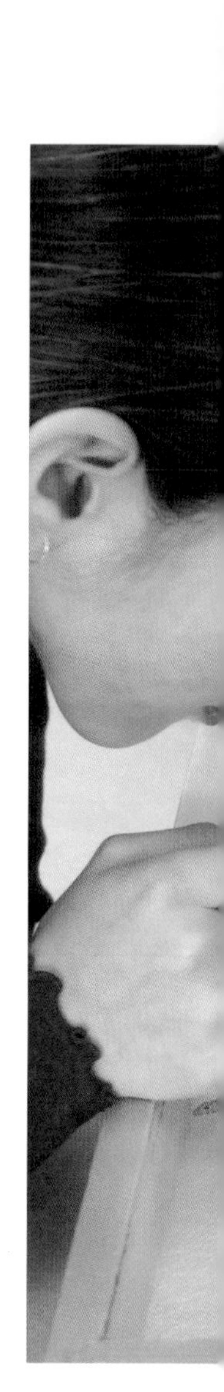

大人和孩子围着做好的蝴蝶标本仔细观察。（图片来源：全景）

橘园蝶翩

娇阳春煦，笔者有幸数次遨游橘园，那娴雅清香的品种橘花，随着节令依次盛开着。在橘园中，橘树、橘叶、橘花引诱着群蝶前来聚会。

我国的蝴蝶有1200多种，占世界总数十分之一，其中凤蝶就有81种。在橘园中的蝶类要算柑橘凤蝶最负盛名了。常见的凤蝶有三种，其中一种称橘黄凤蝶，它的前后翅底部完全被橘黄色衬托着，翅面上有不连贯的横向黑色条纹，加上臀角圆形的黄斑点，像精纺的绢纱在空中翻腾飘舞；第二种叫玉带凤蝶，它的前后翅有黑色的外缘，臀角有红色的斑点，镶嵌着的金黄色斑点呈带状，它轻盈地翱翔在空中时，宛如拖着两条黄色的玉带，在空中似长虹舒卷；第三种叫黄花凤蝶，前后翅的翅底都呈黑色，

翅面上布满了金黄色的斑点，加上臀角有一个椭圆形的红黄色斑点，仿如在黑土上盛开着朵朵黄花。凤蝶的共同特点是一大二美，体态婀娜，艳丽多姿。

蝴蝶外貌虽美，但在幼虫阶段却是柑橘园里的大害虫。一条凤蝶幼虫从小到大，可以吃掉 100 多片嫩叶，影响橘树光合作用，导致橘树落花落蕾，无法结果。

凤蝶的幼虫可没有美丽的外表，它专吃嫩叶，一条幼虫可以吃掉 100 多片嫩叶呢！严重影响植物的光合作用，最后导致植物落花落蕾，无法结果。（图片来源：百度图库）

菜白蝶的一生

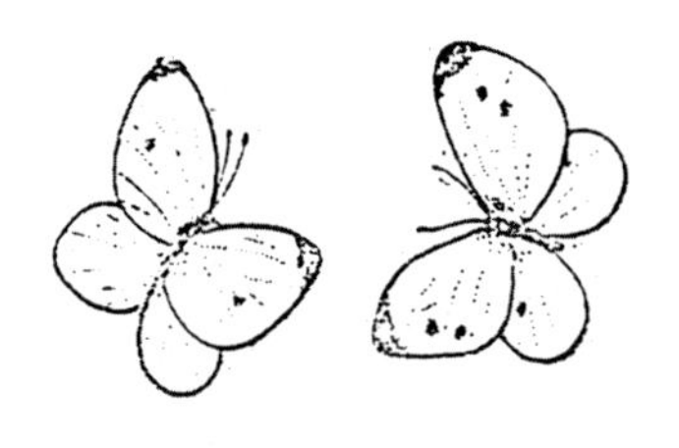

蝴蝶常被当作歌颂赞美的对象，它因身披艳丽缤纷的“彩衣”而被人们采集后做成标本欣赏，倍受爱惜。

菜白蝶和自然界里的各种蝴蝶一样，它的一生就是从卵里孵化出幼虫、幼虫变成蛹、蛹又变成会飞的菜白蝶。它的翅膀挺阔，在空中翩翩起舞，像白色的花瓣，飘忽着展现各种舞姿，惹人喜爱。菜白蝶虽然奇美，但它的幼虫却非常可恶，因为它以蔬菜为“粮食”，危害极大。

菜白蝶幼虫吃蔬菜的能力很强，卷心菜、大白菜、青菜等会被它一层一层地吃到菜心里面，菜叶千疮百孔，大白菜成了网状大球，产量急剧下降。

可是，自然界里一物克一物，菜白蝶没有

泛滥成灾，因为它有许多“克星”，有一类小茧蜂就是专门消灭害虫的寄生蜂。雌的小茧蜂找到了菜白蝶幼虫后，以惊人的速度跳到幼虫的头背之间，用细细的尖针——产卵器刺进幼虫的身体里，产下几十粒卵，这些“儿女”就会在菜白蝶幼虫的身体里孵化成小茧蜂的幼虫，幼虫就地取食，把菜白蝶幼虫的内脏吃得一干二净，骨瘦如柴的菜白蝶幼虫就会奄奄一息，最终死去。

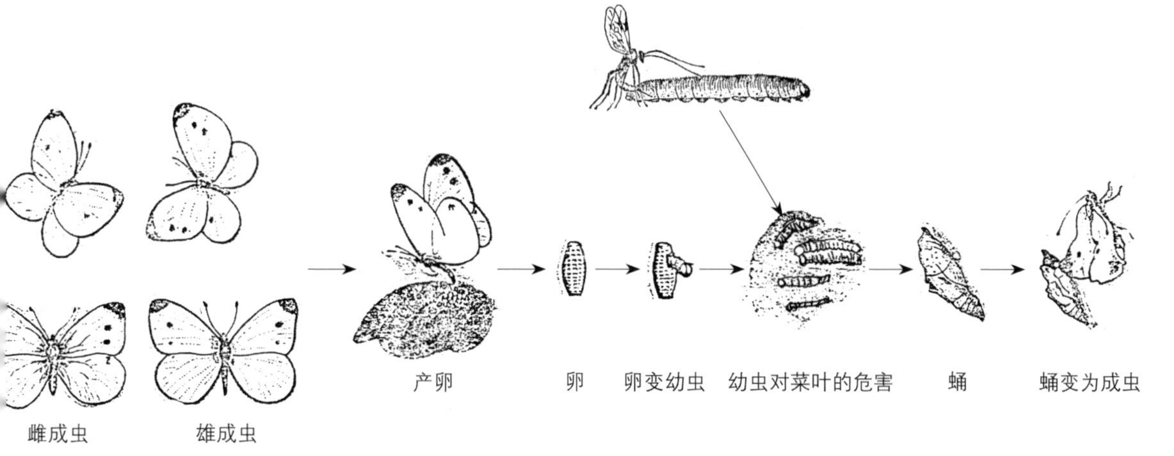

菜白蝶的一生

何时再现蝴蝶泉

笔者曾春游闻名遐迩的云南大理“蝴蝶泉”。据导游介绍，农历四月中旬，蝴蝶树的树汁就会分泌一种像蜜汁似的油亮液汁。千万蝴蝶闻味而来聚会汲用，交配产卵，自树上倒悬而下，连须钩足之状甚为壮观！可惜，已多年来无缘见到彩蝶纷飞的蝴蝶泉了。当时，我们见到工厂的废气、废水，周围村落喷射的杀虫剂，公园内的排档食摊，正在驱逐着蝴蝶远离自己的家乡，蝴蝶对人类更是见而远飞了。沿途，我们都在为那被摧残的蝴蝶泉悲哀，何时再见蝴蝶泉成了众人的呼声！

停在美丽花朵上的美丽蝴蝶。

2000 年春夏交替时节，在台湾高雄的彩蝶泉（当地称彩蝶谷）多年未见蝶影后，又出现蝴蝶漫天飞舞的盛况。高雄的彩蝶谷过去曾有

大批蝴蝶栖息，头尾相接纵横垂挂，彩蝶谷因此奇观而名噪一时。但因游客涌入，蝴蝶赖以为生的铁刀木又被严重砍伐，蝴蝶渐失影踪。后来当地人士注意生态保护，限制游客人数，广植铁刀木，于是蝶谷再现了蝶影。

大理有世界自古闻名的蝴蝶泉，何时能再现它那“蝴蝶泉”的盛景呢？

我国地大物博，蝶类资源丰富。如果我们注重生态环境的管理，那么，“蝴蝶泉”、“蝴蝶谷”这类自然奇观定会重现。

翩翩起舞的美丽蝴蝶。（图片来源：全景）

第三章

田野里的敌人——蝗虫

说古道今话蝗灾

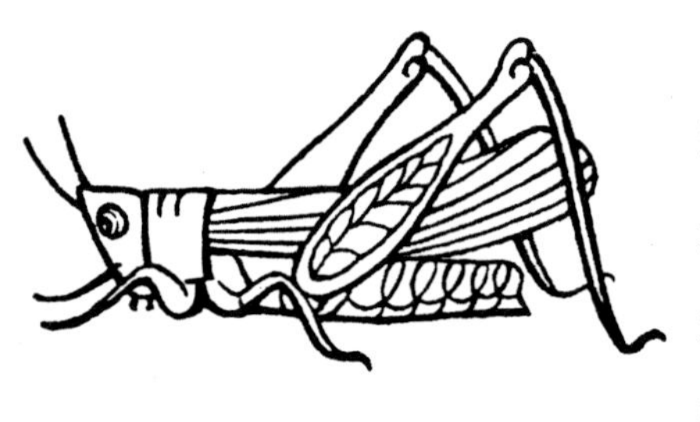

在夏季，我国常发生蝗灾。2006年蝗情达到1200万亩，2007年从几万亩蔓延至5500万亩，遍及西北大片省区。这是由于诸多因素，包括天气干旱、耕后抛荒、过度放牧、缺乏综合治理，蝗虫最终危害猖獗。

然而，近年的蝗灾比之历史记载，则是小巫见大巫。我国从公元前707年起，至今共计已发生大蝗灾800多起。蝗灾不可轻视。19世纪末的一群飞蝗迁飞时，其面积竟达5800平方公里，总重量达4400多万吨。飞蝗大发生时可作远距离迁飞，如有一群蝗虫从西北非洲起飞，横越大洋而中途不着陆，最后在英国岛屿着陆，全程达到2400公里之遥。据科学家观察，群飞的蝗虫一般可以轻易地连续飞行600多公里，

最远可达3600多公里，堪称昆虫世界的“马拉松”飞行冠军。

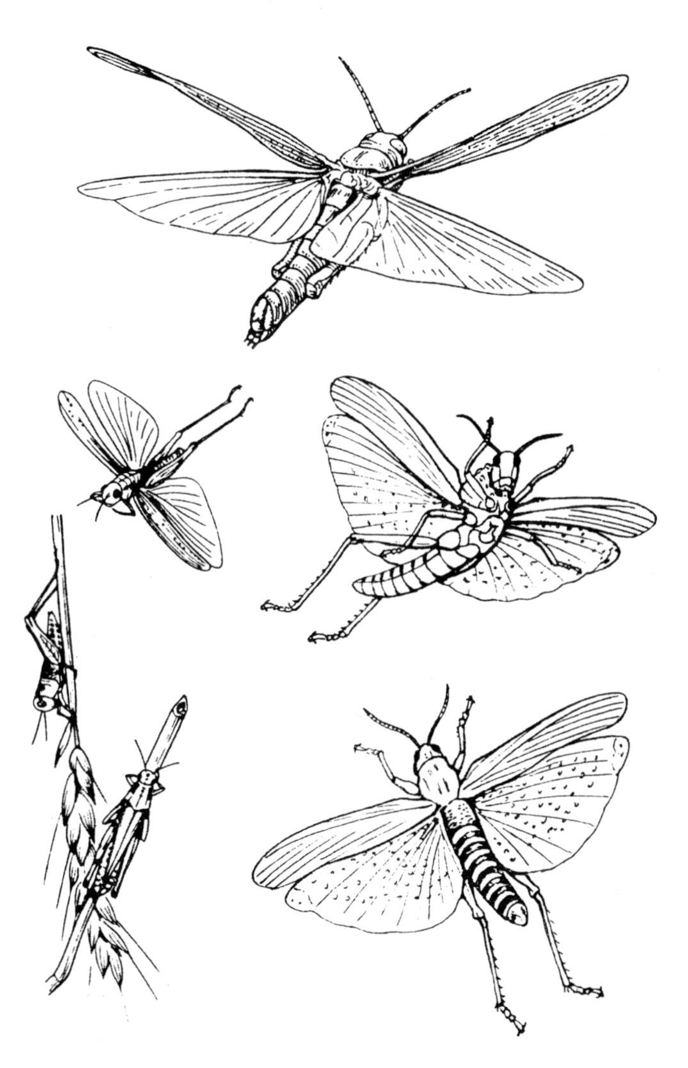

蝗虫及其在空中的飞行姿态

飞蝗过境时声如狂风暴雨，遮天蔽日，惊心动魄。飞蝗落地，无所不食。它是昆虫世界中最典型的多食性昆虫，禾本科、茄科、豆科和锦葵科等植物均可列入其食谱，甚至连树叶和杂草都能被荡尽扫光。蝗虫在饥肠辘辘之时，对干草、茅屋、畜毛甚至晾晒的衣物也照食不误。因此，在历史上我国人民把蝗、水、旱列为三大自然灾难，灾民甚至因此陷于“易子而食，拆骸而炊”的悲惨境地。我国的唐朝发生多次大蝗灾，那时的天灾民怒震动了统治阶层，连皇帝都寝食不安。唐明皇李隆基采纳宰相姚崇的主张，力排蝗虫是天虫天意的邪说，鼓励农民灭蝗。

甲骨文中就有关于蝗虫的记载。

蝗虫种类繁多，繁殖力强。我国古书早有“蝗虫一生九十九子”的记载，其中的飞蝗一年繁衍 2—3 代。蝗虫属昆虫纲，直翅目。全世界有 1 万多种，我国有 1300 多种。其中的飞蝗、稻蝗、竹蝗、意大利蝗、蔗蝗和棉蝗等都是重要的农林害虫。

蝗虫的咀嚼式口器适于切断、咀嚼叶片。许多农作物的茎、叶都被它食用。
（图片来源：全景）

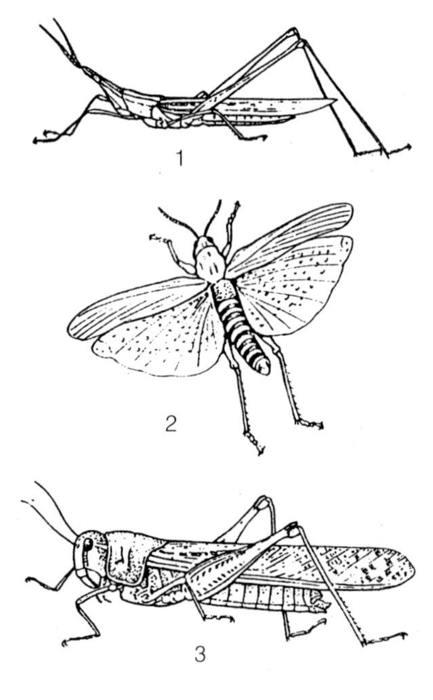

常见的蝗虫

蝗虫，直翅目昆虫，包括蚱总科、蜢总科、蝗总科，在我国分布广泛。常见的蝗虫主要包括飞蝗和土蝗。在我国飞蝗有东亚飞蝗、亚洲飞蝗和西藏飞蝗三种，其中东亚飞蝗分布范围最广，是造成我国蝗灾的最主要飞蝗种类。

夏日在田间，我们还能见到一种身体通常为绿色或者黄褐色叫做蚱蜢的虫子，这也属于蝗虫的一种，在我国常见的蚱蜢叫做中华蚱蜢。

1 中华蚱蜢　2 东亚飞蝗（展翅）　3 东亚飞蝗

我国的蝗灾主要来自飞蝗。飞蝗在我国有东亚飞蝗、亚洲飞蝗和西藏飞蝗三亚种。它们的体长在 33.5—51.2 毫米之间。其中的东亚飞蝗危害最烈。它的体型和体色，会随环境而变化，又善飞会跳，群体活动强，更因它的嘴巴（称为颚）咀嚼功能厉害，有如剪刀般地左右运动，声如剪草“嚓嚓”作响。老农民历经蝗害，谈及蝗虫飞、跳、食之声，都心有余悸，惶惶不安。

蝗虫的幼虫称蝗蝻。长、幼二者的最大区别是蝗蝻的翅在发育成全翅前，它不能飞，只能跳来跳去。飞蝗灾害发生时，人们应趁蝗蝻尚未长大起飞，速作化学或综合防治，则收效甚佳。其他的蝗虫种类虽也危害，但因繁殖代数少，且易受地理环境限制，危害程度不及飞蝗大。

治蝗先要识蝗

治蝗先要识蝗，蝗虫种类很多。在昆虫纲直翅目中成立了三个总科，分别为蚱总科（菱蝗）、蜢总科（短角蝗）及蝗总科。治蝗必须了解各种蝗虫的形态、生理和生物学的特性，尤其危害种类，才能对虫下药，采取防治措施。比如蝗虫中有飞蝗、竹蝗、蔗蝗和棉蝗等科种，其中的东亚飞蝗年生二代，是典型的多食性昆虫，食性广，禾本科、豆科、茄科等植物均被取食危害，它所到之处，一扫而光，接着连飞带跳，转而对树叶、杂草，乃至畜毛、衣服、茅草屋都掠而食之。

而竹蝗却年生一代，虽也危害玉米、南瓜等作物，但主食竹叶，因它繁殖和危害不大，治理上就不必兴师动众了。因此，蝗虫分类在

学术和实践上有着极重要意义。

那么怎样进行科学区分呢？分类学家以蝗虫的发音、听觉和头部的触角为划分种类的主要依据，建立了蝗虫分类研究系统。

20 世纪 90 年代以来随着生物学深入到分子结构进行研究后，人们有新的发现：在电子显微镜下，科学家发现蝗虫的鸣声和听力，在不同种的雌雄之间有着高度的专一性，各有明显的差异，在它们腹部两侧有能发声的鼓膜器，鼓膜器上的主要结构——音齿，其形状有圆形、锥形、粗壮、细长等区别，其排列也不同，有直线型、波浪型、双排、单排之分，蝗虫以自身拥有的天然“乐器”，并用粗壮的后腿去摩擦翅膀，翅膀与鼓膜彼此摩擦，在两侧间弹奏着自然界中蝗虫家族自己爱听的“方言”及其音乐韵味，以此“谈情说爱”，繁殖后代。

这样，科学家利用探索到的蝗虫“语言”，通过基因工程和仿生原理，就可用蝗虫“语言”的声波曲调，吸引异性，聚而歼之，达到灭蝗目的。

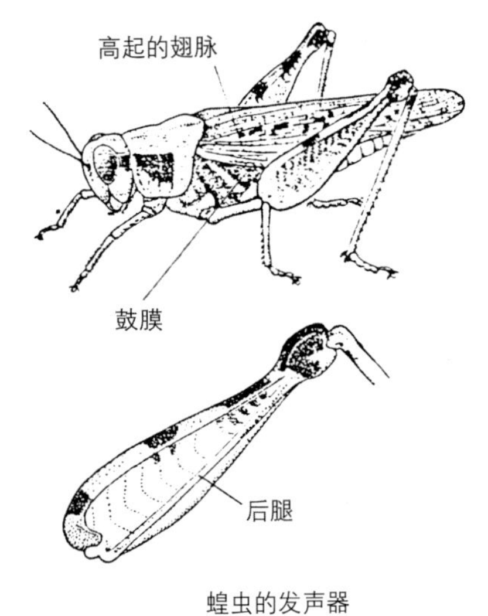

蝗虫的发声器

哈密牧民养鸭灭蝗环保又增收。
（图片来源：视觉中国）

食蝗

食蝗，古已有之。吴竞的《贞观政要》记载，唐朝第二个皇帝唐太宗在贞观二年（628年）京师大旱灾、蝗虫成灾时，痛呼："人以谷为命，而汝食之，是害于百姓。百姓有过，在予一人，尔其有灵；但当蚀我心，无害百姓。"想要食蝗虫，侍臣怕他得病，都劝他，唐太宗又说："何疾之避。"遂食之。

在蝗灾发生时，中国北方农民常常捕蝗充饥，而在风调雨顺年间，又将蝗虫烹调后作为酒菜食用，称为"旱虾"。烹调方法不仅有热的、凉的、酱的、炒的，还有盐水煮熟晒干，与米混合煮粥，或和在蔬菜内制成佳肴。

蝗虫在泰国被冠以"飞虾"的雅号。用蝗虫炸烤成的各种旅游食品，其色、香、味俱佳，

食者尝后，赞誉有加。因此，有农民围栏密网蓄养蝗虫加工上市销售；还有庄园主特意种植玉米菜圃饲养蝗虫，任其肆虐繁衍，再捕捉成虫，加工成食品，精美包装，其价值竟大大高于玉米。英国营养学家据此介绍说，如将目前非洲的蝗虫作食品，饥荒就可大为减轻。

确实，作为食品，蝗虫具有胆固醇低、含有人体不易产生的氨基酸成分等优点，但必须依靠高科技手段，才能从蝗虫体内提取。

蝗虫古来被视为灾星，一旦被人们利用后，灾星也可向“福星”转化的。

油炸蝗虫
（图片来源：视觉中国）

第四章

居室害人虫

家庭害人虫

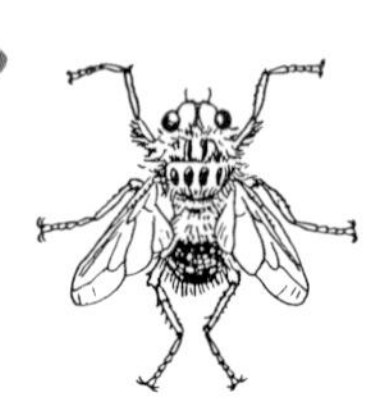

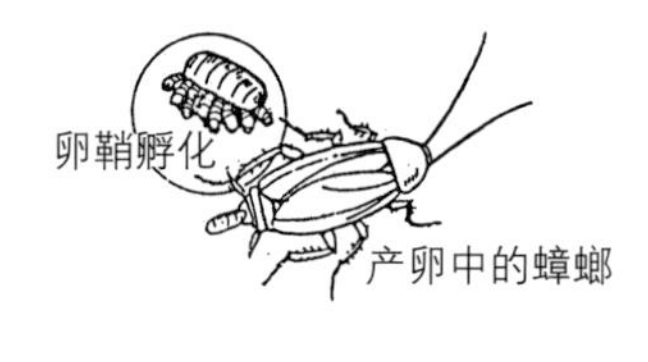

你可知道，在你的家里除了蚊子、苍蝇、蟑螂、臭虫等外，还有各种害虫在吃、穿、住、用各方面骚扰你的生活，使你不得安宁？经城市卫生害虫的分类学家粗略统计，居室里的害虫已有94种。天气逐渐转暖，害虫们又将开始忙碌起来，如何预防及处理成了人们关心的问题。

食肉害虫

家里常见的肉食类害虫是皮蠹。皮蠹是鞘翅目皮蠹科的甲虫，皮蠹的成虫和幼虫大都喜欢在荤性食品上安家落户。它们能够钻入肉块、鱼干的缝隙中，不停地蛀食，把一块完整的鲜肉、火腿或鱼干，蛀成碎屑状、蜂乳状，使人们无法食用。

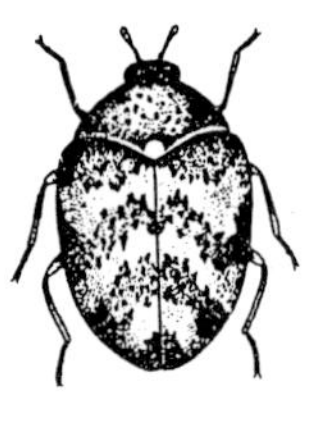

皮蠹

人们长期以来都在想方设法防治这些危害食物的蠹虫。在仓库里，用溴甲烷、敌敌畏等农药熏蒸，有一定效果，尤其能杀灭那些幼虫。在家里，应做好预防措施。预先将食物烧熟或煮开，可以杜绝蠹虫的“根据地”。把要收藏的鱼、肉冷冻，或者腌制后风干、晒干，也有一定效果，因为有盐分和脱水后，蠹虫不容易在上面孳生繁殖。至于已被严重蛀食的食物，只能将其丢弃。

贮粮害虫

由于人类最早以含淀粉的粮食为主食，因而居室里蛀食粮食的害虫也最多最杂。

它们以甲虫为主，也有蛾类，常危害米、面粉、豆类、枣类、芝麻、花生、木耳及人参、当归，有时还会蛀食巧克力呢！

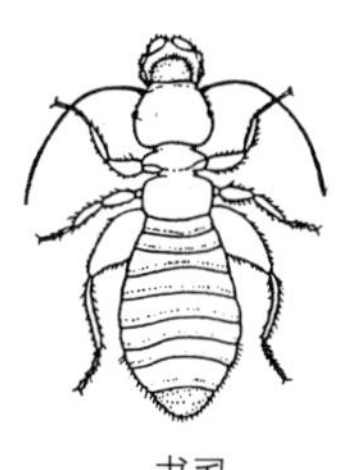
书虱

对付它们的最佳方法是少买和快食。无法一次吃完的应先做干燥处理。如果是豆类，可置入微波炉内小档转一分钟以杀灭虫卵。然后装入食品袋内扎紧，放入可封闭的容器中或冰箱里。

书报害虫

家里的书橱、杂物架、衣柜，如果长久不清理，会积累厚厚的尘埃，遇上潮湿的空气，就会出现一种名叫衣鱼的蛀虫。

衣鱼也叫蠹鱼，属缨尾目衣鱼科，全身银灰色，身体扁长，体形略像一尾小鱼。它常常栖息在书橱之中，啃食书籍上面的浆糊和胶质物，许多古籍的善本常被衣鱼蛀蚀、钻孔；衣服也是它们栖身取食的目标。

为了防治衣鱼，藏书的地方要通风、洁净、干燥，使衣鱼失去繁殖的“温床”。还要经常整理、翻动书籍，把衣鱼从书缝里拍打、抖搂出来杀死。也可以把书集中在一只大箱内，同时放置一些灭虫药物，如敌敌畏、除虫菊酯等，密封数天，然后把大箱放在空旷场地上，在阳光下翻晒这些书籍，达到驱杀衣鱼的目的。

食毛害虫

以毛织品为“粮食”的害虫也应引起人们的注意。当你从衣柜或箱子里把毛织衣物取出来时，有时会看到衣物上疏密交错地出现了芝麻般大小的孔洞，这是一种叫衣蛾的昆虫蛀出

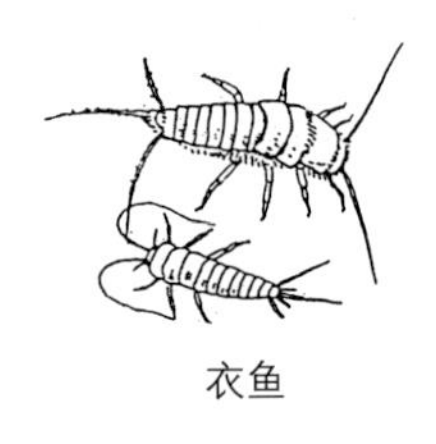
衣鱼

来的。衣蛾俗称衣裳蛀虫，属鳞翅目蕈蛾科，它每年春夏之间在空中飞翔，专门寻觅晒在空中的毛织衣物，然后雌雄虫双双飞上去交配、产卵，虫卵在毛织物上孵化出幼虫后，衣物上便出现一个洞，幼虫吃得越多，洞就越多、越大，以致衣物上疏密交错地出现芝麻般大小的洞孔，真是令人痛惜。据研究，以羊、骆驼等动物的毛为原料的毛织品，其中有一种角质蛋白质成分，特别适合蠹虫胃口，因为这种蠹虫的消化道内，恰恰能分泌一种分解角质蛋白的酶，叫角蛋白酶，因此，它对毛织品特别嗜好。

杀灭蠹虫，除了喷射除虫菊酯、溴甲烷等杀虫剂外，平时要注意保持毛织品衣物本身的清洁，还要放置一些樟脑丸或樟脑精。一旦发现蠹虫，必须将衣物及储藏器具放在阳光下暴晒，并经常掸拍，以驱逐蠹虫。对捕到的蠹虫，要把它们扔入火中烧死，以杜绝后患。

跳蚤

跳蚤属昆虫纲蚤目，化石证实，它在4千万年前就生活在地球上了。据研究，跳蚤的祖先还长有翅膀，后来跳蚤的翅膀退化，慢慢成了现在的样子。现存的跳蚤，粗略统计就有2000多种，几乎遍布世界各地。我国目前已发现410种。尽管它们种类繁多，但其生活史与生态，都有一致的地方。《本草纲目拾遗》中记载："蚤因土湿而生，夏时土干亦不甚患。"这说明跳蚤的成虫喜欢温暖阴湿的场所，25℃左右是它们生长发育的最佳温度。跳蚤中有一种叫人蚤，除寄生在人体外，又能寄生于猫、狗、兔和多种鼠类身上。人蚤喜欢躲在脏衣服里面，而皮毛、革垫、地板缝隙等处也是它们的隐蔽之地。

跳蚤喜欢寄生在狗等动物身上。它在狗身上度过它的一生。

（图片来源：全景）

雌跳蚤产的卵很小，呈乳白色或淡黄色，表面光滑，体长仅半毫米左右。寄生在鼠、猫、狗身上的蚤卵，能随着寄主的走动而散落在地面上，经过 10 天左右，便孵化成幼虫，用肉眼不易看到。跳蚤的幼虫，头上有一对极其灵敏的触角，像雷达天线那样，一旦发现目标，便迅速爬去。不过，它不吸血，而是靠吃人身上的皮屑、成虫的粪便等生长发育。幼虫经过化蛹，半月以后便发育为成虫。成虫一对后足的肌肉发达，善于跳跃，被誉为“跳高健将”。成虫既耐寒又耐热。经常吸血的人蚤可存活 513 天左右，即使不吸血，也可存活 125 天左右；寄生在老鼠身上的跳蚤，一般可活 345 天；带菌的病蚤也可活 95—106 天。即使长年累月没人居住的房屋，仍有人蚤存活。据说，苏联有一种跳蚤，吸饱了鲜血以后，在适宜的温度和湿度下，不食不动，可活 1487 天，称得上是“老寿星”了。

跳蚤

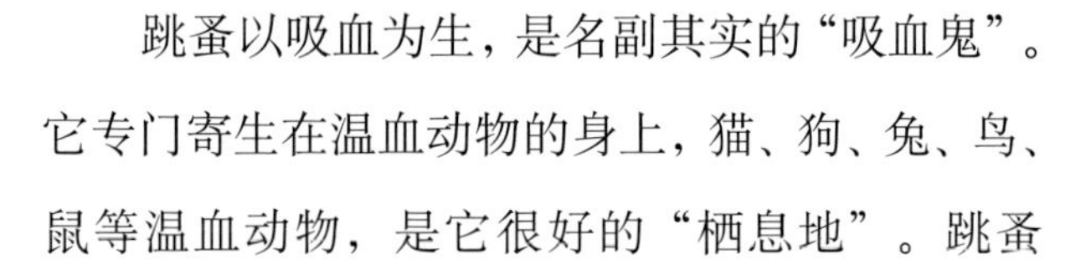

跳蚤以吸血为生，是名副其实的“吸血鬼”。它专门寄生在温血动物的身上，猫、狗、兔、鸟、鼠等温血动物，是它很好的“栖息地”。跳蚤

的种类不同，胃口也不一样，有的爱吸哺乳动物的血，有的爱吸鸟类的血，有的爱吸人血，也有的对动物和人的血都感兴趣，有的还会将全身钻到动物皮肤里去吸血呢。如一种叫潜蚤的，它钻入寄主的皮肤后，就一直住在里面不停地吸血，直到老死为止。跳蚤叮人特别厉害，跳到人身上后，就利用既能凿又能锯的口器很快钻入人的皮肤，将唾液注入到皮肤内（使血液不致凝集），然后吸血。吸进去的血液只有一半被消化，还有一半排出体外，散布在衣服等物件上。由于它不断地贪婪地叮人吮血，谁要是被跳蚤叮咬，皮肤上就会出现一连串的红块，奇痒难忍。

更可恨的是，跳蚤是多种疾病的传播者。跳蚤寄生在老鼠身上，老鼠到处乱窜，它也就到处传播鼠疫、斑疹伤寒等200多种病菌。

历史上有名的鼠疫流行，就是由跳蚤传播的。1347年欧洲的鼠疫，在三年中共夺去2500万人的生命。1665年仅英国伦敦就有10万人因鼠疫而丧生。当时，为了不使鼠疫蔓延，只得把流行地区死去的和感病尚未死去的人，连同

整座村庄全部烧光。

抗日战争中，日本侵占我国东北期间，曾在哈尔滨市郊设立代号叫“731”的细菌部队工厂，专门培养杀人用的各种细菌，其媒介就是老鼠和跳蚤。这个工厂除繁殖大量老鼠外，还有 4500 个跳蚤饲养器，短时间内就能繁殖 300 公斤、近 10 亿只跳蚤。“731”部队像恶魔一般凶残暴虐，前后使 3000 多名身体强壮的中国人活活地染病而死。

对付跳蚤，首先要控制蚤类孳生地。用 1% 的敌百虫溶液喷洒染有跳蚤的房间、衣物等，效果很好。将鲜桃叶捣碎涂擦在猫、狗身上，待 5 分钟左右，就可杀灭跳蚤。为了防止猫、狗中毒，可用旧布或旧报纸等包裹猫、狗的身体，只让头脚暴露在外；跳蚤杀灭后，脱去包裹之物，用清水洗净就行了。用鱼藤粉、除虫菊粉或 1% 敌百虫溶液涂擦，效果也不错。

跳蚤对芸香（中药店可以买到）很敏感。把芸香放在火盆里，将门窗关严，跳蚤闻到芸香的香气后，就成群结队往火盆里跳，不要多久就可将跳蚤消灭。在跳蚤密集的地方，也可

用干树叶、树枝、干草或其他易燃物，均匀铺在地上约 2—3 寸厚，待一段时间后点火燃烧，等地上所铺的东西烧光，跳蚤也就全部烧死。另外，艾叶、青鱼藤等，晾干研成粉，撒于跳蚤活动场所，也有灭蚤作用。

国外科学家发现，将人工合成的跳蚤保幼激素喷洒在跳蚤孳生地，跳蚤的生长就被限制在幼虫阶段，不能发育成蛹和成虫，从而达到杀灭跳蚤的目的。据试验，这种杀虫剂的药剂能持续 70 多天。

居室蚂蚁不可忽视

蚂蚁属于膜翅目蚁科，其中有一类群驻留在居室的壁角、砖缝和地下，又在厨房、箱柜、地板的嵌条中躲藏，它们性喜温热潮湿。由于城市建筑和人口稠密，室内杂食和堆物繁多，常招诱居室蚂蚁的骚扰。

居室蚂蚁有 3—4 种，有小黄蚁、大头蚁、小黑蚁等。常见的一种家蚁，俗名小黄蚁、小赤蚁，学名叫法老蚁，体黄至红棕色，雌雄蚁体长在2.5—4毫米之间，它们窃食广，污染食品，还叮咬人肤，且有带菌传病的危险，由于繁衍和适应能力强，广泛存在于世界各地。

雌雄蚁在春夏季交配后，雄蚁不久死去，雌蚁产卵繁殖蚁群，每天产卵多达 30 粒，一生产卵多的有 3500 粒，寿命也长，生存期达 9—

10 个月。卵孵化后多数成为雌蚁，雌蚁中的多数又演化为工蚁，也是数目最多的阶队，一巢内可多达25万只，工蚁日夜辛劳不息，为“家族”劳累了 60 多天后就默默无闻地逝去了。

家蚁之所以与人共居，一方面人类居室的温湿度和各类贮食适合它们的要求；另一方面蚂蚁的生理构造为其生存创造了条件，其脑子里容纳了 50 万个神经细胞，触须和身上的毛兼有鼻子的嗅觉和手指触觉的功能，嘴（大颚）下有一突出物是味觉器官，加上分泌的各种信息激素，促成了联络途径，使蚂蚁成了家居成员的一分子，与人类共居而栖，择食而生。

居室蚂蚁的防治以前一般用有机氯胃毒剂，但因毒性较大，误人生命，已被淘汰。现在多用改进剂“灭蚁灵”防治，含毒量极微，且有特效。用灭蚁灵散撒在蚂蚁出没处，再或直接撒药在蚂蚁的出巢处，亦可将灭蚁灵盛于小纸匣内，用图钉固定在蚂蚁的出没处，待灭治蚂蚁后，将纸匣清除，以免污染环境。当药剂被蚂蚁取食并传递到巢内，过了一周不见蚂蚁活动，便是起到了作用。

黑蚂蚁

话虱

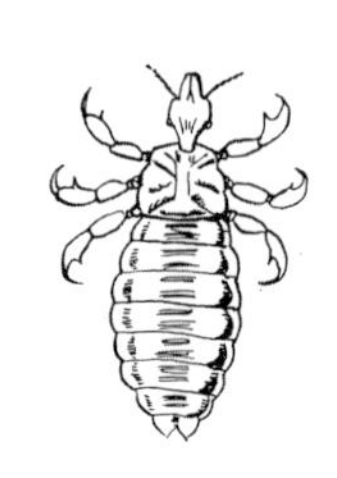

虱子属昆虫纲虱目，寄生于人，自古有之，在新疆出土的古尸头上还找到一起“殉葬”的虱子呢！

虱子，它不仅寄生在人体，其他动物如牛、马、羊、猪、兔、犬和鸟等也有各种不同的虱子寄生。虱子可寄生于人体身上，也可寄生在毛发上，都是以嗜吸人血为生的。

虱子虽小，但它却能传播许多疾病，如：流行性斑疹伤寒、回归热、战壕热等。虱子扁平的躯体上有三对足爪，其爪上的末端状似小钩，像一具抓握器，可牢固地握住人的皮肤和毛发，以及衣服的纤维，而不致滑落下来。

人体虱子一天平均可产卵 7—10 粒，一生可产卵约 270—300 粒。人体虱大多把卵产在内

衣贴身的缝折中，偶尔也将卵产在胸毛、腋毛、阴毛或肛门周围的毛上。人头虱产卵在紧靠头皮的发根上，特别是以耳背部的发上最多。

虱子的头狭而尖，它的嘴巴像把刺刀似的，当它戳进人体皮肤后，先分泌一种使血液不会凝固且又发痒的毒素，它一边吸血，一边排粪，同时将病菌通过吸血和排粪传播给人们。虱子的吸血时间颇长，通长约 3—10 分钟，一只雌虱子每次吸血量可达1毫克,超过自身体重的2—3 倍。虱子的繁殖数量多，吸血次数也多，因此常使人的皮肤变得粗糙，有鸡皮疙瘩，奇痒难受。

虱子的耐饥力不强，如得不到血食时，仅能存活 2—10 天，因此人们为了消灭体虱，就将衣服清洗后搁置一段较长的时间，即使有残存的虱子及其卵粒，也可被饿死。

人们由于夏天勤换衣服和常洗澡所以虱少，而冬天因少换衣、其体温恒定时间长，所以冬天虱子比夏天多。

防治虱子，重要的是注意个人卫生，常洗澡、勤更衣、多洗头篦头。杀灭体虱，过去一般用“223”或“666”。现在用溴甲烷、二氯乙烷，

如灭虱时将衣服等松散地放进不透气的袋中，再放入20毫升的溴甲烷，立即将袋口扎紧，待半小时到一小时后，倾出衣物，虱子便死了。但因溴甲烷对人体有害，必须让气体散失，将衣物清洗后方可使用。因地制宜，用热蒸法灭虱也可，如将衣物全部蒸煮后清洗使用。

爱护个人卫生，勤换衣服和常洗澡，多洗头篦头，防治体虱。

（图片来源：全景）

苍蝇身上的毛

苍蝇属双翅目蝇科，它常以腐败有机物为食，其舐吮式口器易污染食物，传播疾病，人们熟悉它，也讨厌它，所以都设法消灭它。

拍打不到为什么

除了用杀虫剂外，人们常会用身边的书本、报纸，甚至用手也会狠狠心去打拍。可是，刚拍下去，苍蝇就逃之夭夭，它随即在任何一个地方停下来，向你“示威”，一气之下你又去拍，三拍两打之下就无能为力了。如果改用苍蝇拍就比较容易把苍蝇打死。这是什么原因呢？

科学家着手研究了昆虫的各个部位，发现各种昆虫凡是能飞的，人们如去拍打，或稍有惊动，它们就立即飞去，苍蝇也属此列。后来，在显微镜下面发现苍蝇有许多感觉毛，如果统

统拔除，它虽然在空中照样会飞翔，走动自如，但那时任你用手中器具，都能捕捉或拍打而死，这是因为它们失去了感觉毛，也随之失去了对外界的反应。

苍蝇在这种感觉毛的帮助下，能探测周围的动静，飞翔逃跑就是一种反应，你用报纸和书本去拍打，会产生一种突如其来的气流，苍蝇身上的感觉毛能灵敏地觉察到，瞬间就溜之大吉，如果用蝇拍去拍打就不同了，气流通过小网眼向上跑，使蝇拍下面的气流压力不会突然增大，这就减少了气流对感觉毛的震动，苍蝇在不知不觉中，就被打死了。

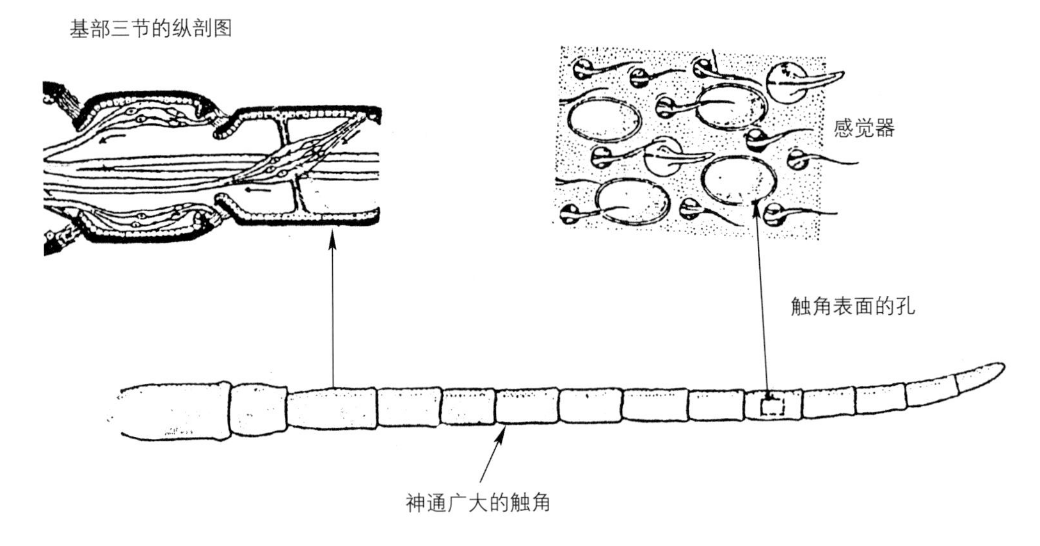

毛的各种功能

科学家还发现，昆虫的感觉毛上有密集的感觉细胞，这些细胞又与头部简单而有效的神经相联系，它们组成了一部“微型感震器”，于是如电子计算机那样，能接连不断地处理外界的信息，在千分之一到千分之二秒的间隙内就能起传导冲动作用，指挥昆虫的行动。

苍蝇的“皮肤”上也长有各种感觉毛，在它们停留或在飞行中，这些感觉毛既能“品尝”脚下佳肴的滋味，又能对空间周围的温度、湿度和气流作出及时的反应。

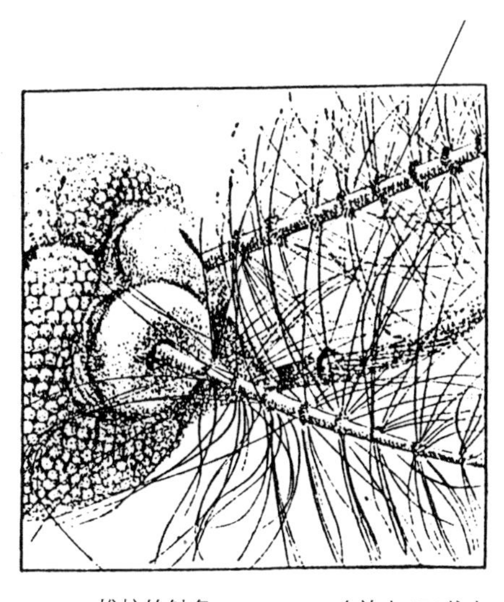

触角的部分放大图

雄蚊的触角　　（放大150倍）

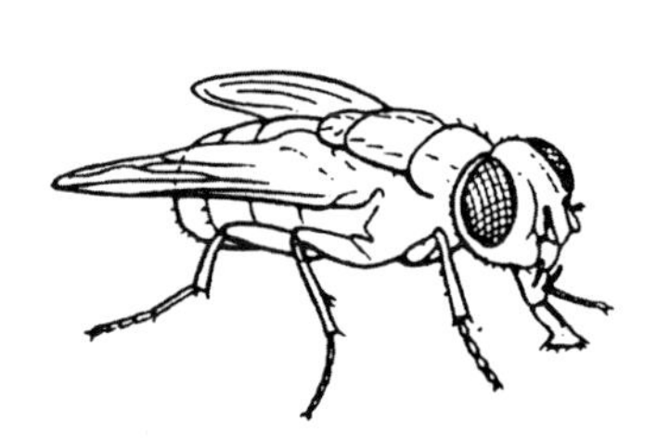

苍蝇的口器、腿脚上有无数的味觉毛。

苍蝇怎样嗅闻特殊气味物质，或脚下腐败的粪便和霉馊的饭菜？原来，苍蝇头上有一对触角，触角上有许多灵敏的嗅觉毛，组成了嗅觉感受器，每个感受器有个小腔，里面有成百个神经细胞，能灵敏地对空气中飞散的化学物质作出反应，即使食物离得很远，它也能顺着微乎其微的气味很快地发现。

除了头上有感觉毛，苍蝇的口器、腿脚上都有无数的味觉毛，在食物上稍舔或踩一下，等于已品尝到味道，就很快知道食物是否适合自己的胃口。味觉细胞各有自己的任务，有一种味觉细胞对发酵过的糖类很敏感，信息传到脑神经，指挥苍蝇去接受美餐；另一种味觉细胞对盐类、酸类物质很敏感，苍蝇很快会避开。

昆虫都有此法宝

美国科学家对各种昆虫都做了研究实验，发现所有的昆虫都有灵敏的感觉器，感觉毛就是其中一种，比如蟋蟀腹部末端附器上的毛，它接触到地面的时候，就能察觉到地面颤动的情况，当你在走动或触碰周围的杂草或碎石时，它早就弹跳着溜走了，不容易逮住它。刺毛虫

身上的毛，一旦降落在人体皮肤上，毛的细胞还会活动一段时间，此时会钻到你的皮肤里去。再如，蟑螂的触角、尾须和腿关节上的神经节，对周围气流的变化，也十分敏感，你如果打开电灯，尚未走过去，它已流星般地逃遁而去。

疟疾与疟蚊

自古起，人类就受蚊子侵扰，蚊子除了会对人叮咬吸血之外，还会传播多种疾病，至今世界上每天有3000名儿童死于疟疾病，我国目前虽已控制了疟疾，但对疟蚊的灭治和疟疾的防治仍在关注之中。

蚊虫属双翅目蚊科，种类繁多，其中与传播疟疾有关的主要是按蚊，它在世界上总共有350种之多，我国初步统计有14种，尤其是中华按蚊，除在青海、新疆、西藏外，它是全国各省市广大地区疟疾病的重要病媒。夏秋季节温度高，湿度大，雨量多，最适合此种蚊虫孳生繁殖。中华按蚊在日落后即开始活动吸血，到午夜1—2时尤其活跃，停留时腹部翘起，呈一斜角姿态，这是它与其余蚊虫停留时姿势的

伊蚊

最明显区别。

按蚊要传播疟疾，首先必须吸取疟疾病人的血液，吸到疟原虫的传代子孙——配子体，才能成为有疟疾源的疟蚊。配子体在按蚊体内还必须发育增殖成孢子体，称子孢子。子孢子的发育需要营养，为此，雌蚊需要几次吸血，吸血后的雌蚊必须寻找合适的地点栖息，以进行胃内消化和卵巢发育。之后，雌蚊又去叮人吸血，吸血时就将成熟的孢子体经唾液注入到人体内，唾液中含有使毛细管扩张的抗凝素，于是，孢子体便丝毫不受阻挡地进入到了健康人的血液中，兴风作浪，酿病致命。

库蚊

按蚊

人们对蚊虫十分厌恶，但消灭蚊虫只有防与治结合才能奏效，首先要消除蚊虫的幼虫——孑孓的孳生场地，清理污水池、水沟、洼地、积水、水缸等；其次要在房屋内装设纱窗、纱门，这对防止蚊虫侵入颇有效果。另外使用蚊香时，必须放在上风处，若室内自然通风条件较好，则置于人体附近，使用时间宜早不宜迟，应在天色转暗前使用，使窗外蚊虫不敢入室。

以虫治虫也是新的途径，国外已在培养一

种摇蚊，并大批释放摇蚊。摇蚊的头部有一对钳子，平时张开，摆开阵势，一旦发现眼前有蚊子飞过，强有力的捕获器就会马上夹住对方，逮住就吃。摇蚊的大批培养，大批释放，其效果比杀虫剂经济实用，尤其无污染生态环境之虑。另外美国、日本等国将研制出的“不育剂”大面积喷洒，使雌雄蚊子沾上这种不妊药物，虽能交尾，却不能产卵，即使能产卵也孵化不出下一代蚊虫。这样便能逐渐使蚊虫群体减少，后代趋向灭绝。

（图片来源：视觉中国）

一只携带沃尔巴克氏菌的伊蚊雄蚊。这是我国科学家奚志勇的研究团队在蚊子工厂里培育出来的“绝育蚊子”。

近年来，科学家研发了一种新的技术，他们用注射的办法，让蚊子的卵感染上沃尔巴克氏菌。而感染了这种细菌的雄蚊与自然界的雌蚊交配后，所产的卵不能发育，无法繁育下一代。因此，通过大量释放人工培育的“绝育蚊子”与自然界的雌蚊交配，就能达到交配绝育，以蚊灭蚊的目的。

默默无闻的哨兵——寄生蜂

在浩瀚的生物世界里，时刻都在进行着激烈的竞争。人们看得多的，总是大侵小，强食弱，而对那些以小胜大的情景却注意不够。本篇要讲的，正是那些默默无闻地为人们灭虫保丰收的“小字辈”昆虫——寄生蜂的事。

体轻形微胜强手

寄生蜂属昆虫纲膜翅目。这一家族非常庞大，据粗略统计已有 12 万种之多，其中有一大群被人们称为“小字辈”的，如小茧蜂、小卵蜂、赤眼蜂等，就占了几万种。因为它们能寄生在害虫体内，所以统称为寄生蜂。它们的身长仅 1—5 毫米，最小的甚至只有 0.7 毫米。如将几十只小茧蜂聚集在一起，也不过一小粒黑芝麻大小，所以用肉眼很难分辨其身体的外部结构，必须

借助显微镜，才能认识它的“庐山真面目”。

又如有一种叫柄翅卵蜂的小卵蜂，体轻似尘，形如针尖，如若把它与针尖放在一起，只有当它活动时，你的眼睛才能察觉。据美国马歇博士统计，这类小卵蜂有几千种之多。

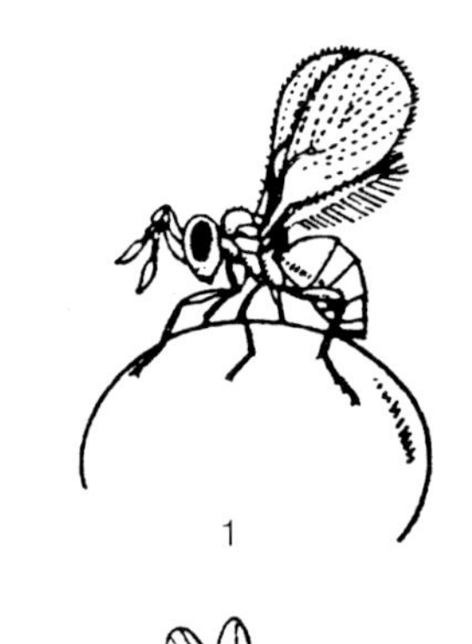

别看寄生蜂体轻形微，却能使比它大千万倍的猎物丧命。小茧蜂可使菜粉蝶幼虫一命呜呼，用肉眼难以察觉的赤眼蜂是棉铃虫幼虫的克星，如此等等。在自然界，害虫之所以很难成灾，其中就有这些“小字辈”的一份功劳。

克敌制胜法宝灵

形如针尖的寄生蜂，为何有这么大的本领呢？

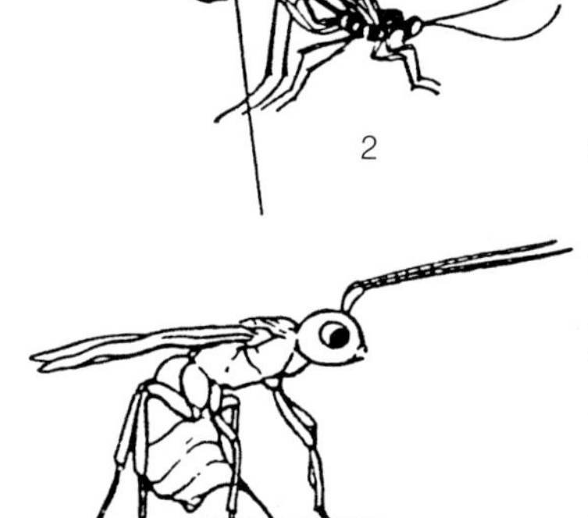

1 赤眼蜂　2 姬蜂　3 小茧蜂

原来，寄生蜂的腹部末端生有一枚锋利坚韧的产卵器。有的产卵器长得惊人，几乎超过身体长度的数倍。当产卵器刺进害虫身体时，就好像锋利的尖刀插进西瓜一样轻而易举。为了适应蜇刺不同害虫的需要，有的产卵器形如剑状，能直接刺入害虫的腹部；有的产卵器则像一只有刺的倒钩，一旦钩住害虫，猎物就难以脱逃。这些产卵器坚韧而富有弹性，就像钟

表里的发条，能弯曲自如。

伶俐的寄生蜂战胜对手的法宝，除锋利的产卵器外，还有附在产卵器上的、能使对手昏迷的毒腺。如小茧蜂的身体只有麦蛾幼虫体躯的万分之一，但小茧蜂只要向麦蛾幼虫体内注入其血液量的二亿分之一的毒液，麦蛾幼虫就无法动弹了。经研究，这种毒腺所分泌的是一类神经毒肽和溶血毒肽，以及其他活性成分。这些毒素一旦进入害虫体内，其中枢神经即被麻痹，肌肉瘫痪，无还“手”之力。

产卵器还能分泌一种粘胶状的液体，或用来把自己产的卵牢牢地粘附在害虫体外，使新生儿一孵化出来，就有丰富的食料——害虫躯体；或用来把卵粘在对手的食料上（如有的寄生蜂将卵粘在松树的针叶上），当对手啃食时，卵则随食物进入肚子里，待卵孵化，对手的“五脏六腑”就成了寄生蜂幼虫的美味佳肴。

灵活敏锐的“探测器”

寄生蜂的对手大多数都隐蔽在不显眼的地方。如树木的大敌——天牛，它的幼虫隐居在树干里蛀食，边拉屎，边挖隧道。小茧蜂则能

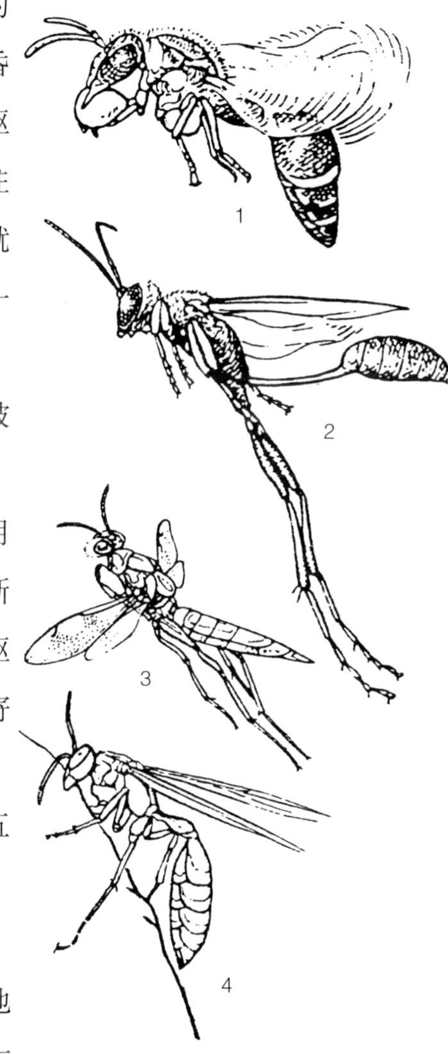

1 土蜂　2 赤眼蜂　3 姬蜂
4 小茧蜂

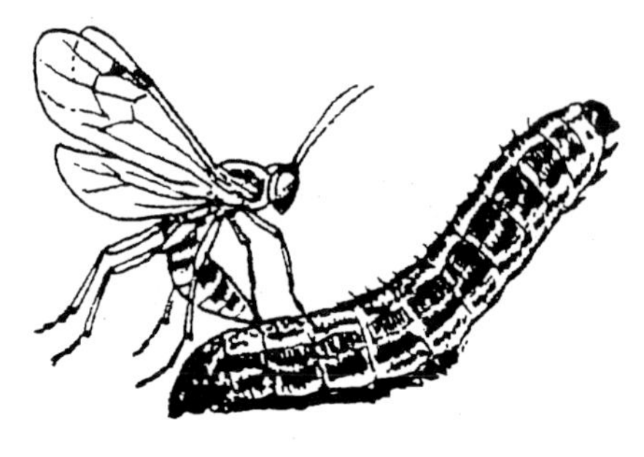

小茧蜂在菜白蝶幼虫体内产卵。

根据天牛幼虫排出的粪便所散发的气味，找到它躲藏的隧道部位，随即用强有力的产卵器穿透树皮，进入木质纤维，直刺天牛幼虫的身上。又如，蛀食木材的另一种大害虫——蠹虫，它在穿孔时由身体放出来的代谢热转变成红外线，可透过树皮传导出来。另一种小茧蜂则可感测到这种红外线，并跟踪找到蠹虫。

还有一类粮食的卫士，如谷象金小蜂、麦蛾姬蜂，它们能根据麦粒内的谷象幼虫在啮食时发出的辗轧声，尤其是能根据贮藏年久的麦粒和大米中蛀虫发出的某种气味，飞到这些粮食上，把产卵器伸到粮堆中，左右试探，搜索“防空洞”里的麦蛾幼虫，只要一碰上，就把卵产在它的身体里。

蟑螂是人们厌恶的卫生害虫，虽然它产的卵囊附着在缝隙等隐蔽处，可是有一种瘦蜂却可循着从其卵囊上发散出来的蜡质气味，很快找到猎物而寄生食之。

现代科学把害虫所分泌的唾液、排泄物所散发的多种化学物质，统称为“接触刺激剂”。特定的刺激剂能引诱特定的寄生蜂，就像前面

提到的那些那样。

那么，寄生蜂是怎么分辨散布在空气里的特定物质的呢？这就是寄生蜂头上的触角的功劳了。

寄生蜂的触角很细，只有头发的几十分之一。触角的形状因蜂的种类而异，有鞭节状、鳃叶状、膝状、环状等；一般有6—13节，也有多达80多节的。由于触角末端的几节里有大量的感觉细胞，非常灵敏，其又与神经细胞相连，能感觉到散布在空气中相应的极微量的分子气味，因而能循着气味的来路，跟踪追击，找到对手。所以，有人把寄生蜂的触角类比侦察兵用的探测器，也不无道理。

保护利用前景美

随着自然界的奥秘不断为人们所揭露，自然界中的天敌也就越来越多地为人们所利用。不少国家建立了人工繁殖小蜂的工厂，就是利用的一种方式，也是将来的发展方向。如美国工厂生产的蚜茧蜂，已使加州地区的蚜虫不能再成灾。又如日本静冈县有一种叫“雅诺尼”的害虫，专门吮吸柑橘汁液。柑橘被咬以后，

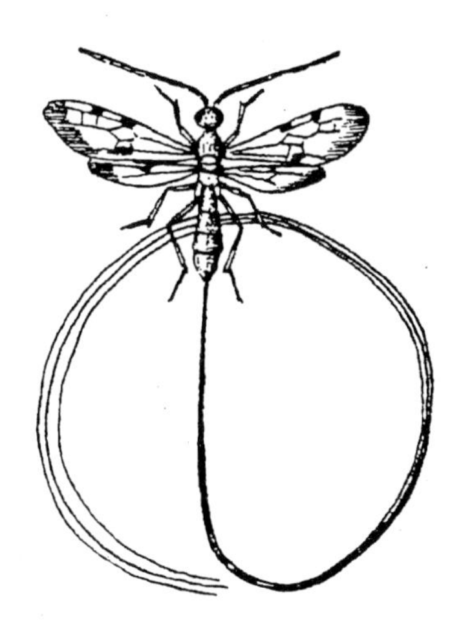

马尾蜂（长产卵管成卷曲状）

不同寄生蜂触角模式图（放大400~800倍）

生长十分缓慢，甚至枯僵脱落，严重影响柑橘生产。自从1984年日本从我国引进矢根黄小蜂和矢根泡小蜂后，静冈县的柑橘被害率从70%降到了20%以下，全场每年仅节省下的农药成本就达250万美元。

我国早在20世纪50年代就开展了赤眼蜂、金小蜂的应用研究，并且在生产中发挥了一定的作用。近年来，广东、吉林、北京等省（区）、市已能大量人工繁殖赤眼蜂，用于防治甘蔗、玉米螟虫。

除人工饲养和引进以外，还可采取保护自然天敌的办法，这是当前我国大多数地区利用天敌的好办法。一是有选择地合理地使用农药，防止过多伤害天敌；二是在田间设置人工蜂房（可用芦苇、麻秆、稻草、麦秆等为材料），供各种寄生蜂寄宿、繁衍；三是冬季采集大量寄主卵，供人工饲养的寄生蜂寄生越冬；此外，利用轮作、间作、套作等农业技术措施，种植果园防护林带，人为控制寄生蜂的生态环境，也都有利于小型寄生昆虫的活动。

随着科学研究的深入，寄生蜂的利用将愈来愈广泛，必将为人类作出更大的贡献。

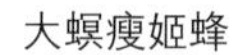

大螟瘦姬蜂　　马尾蜂和它的产卵管　　细蜂　　黑卵蜂

几种寄生蜂模式图（放大 20 倍）

生存3亿年、带菌万余个的坏家伙——蟑螂

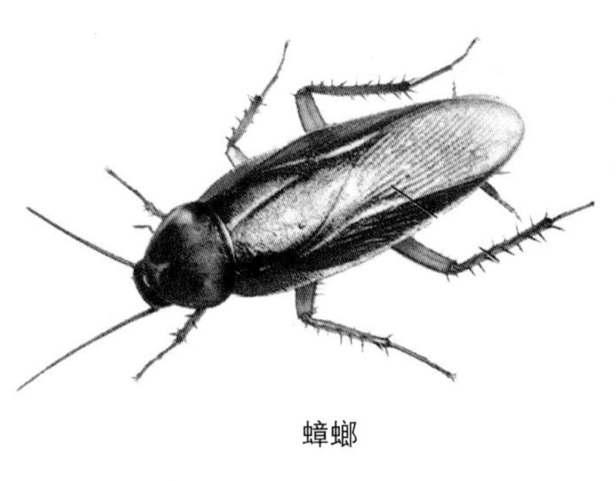
蟑螂

蟑螂属昆虫纲蜚蠊目，在地球上生存已历3亿年。它品种繁多，全世界已有3500种。由于繁衍成了一个大家族，它们已从昆虫纲直翅目中分离出来，单独分类为蜚蠊目了。

蟑螂头上有一对触须，犹如两根灵敏的拉杆天线，“天线”上植有2000根刚毛的毛孔，对盐、糖和酸类物质均能反应，能嗅到比雾滴小一百万分之一的分子气味，借以侦窃食物，寻找配偶。

蟑螂“屁股”后面生有一对尾须，是一具性能特异的感震仪，能测知地面和空气的微弱震颤，在0.054秒的瞬间，对外界及时作出反应。这种感震器能使它探查到另一蟑螂的足，所以每当人们见到蟑螂，要抬手去打时，它已逃之

天天。

蟑螂嗜食各种食物以及排泄物、痰吐、垃圾、纸张、书籍等，特别喜吃淀粉、油、糖、瓜果和蔬菜，如果缺乏食物时，胶水、纸或肥皂也都能果腹。凡经它吃过的东西，都留下粪便和难闻的臭气。它还是传染疾病的元凶。据科学家统计，蟑螂的体外和消化道内就附有13370个细菌。霍乱菌能在蟑螂的消化道内繁殖；化脓球菌、结核菌、炭疽菌和鸡伤寒菌等病源性细菌能附在蟑螂的口器、触角和体躯上，随着它的活动，到处传播。上海曾做了一次调查，在调查的170户住宅中，100%的人家都有蟑螂“驻扎”，受害率高达64.1%。其中咬损占40.5%，粪污影响占39.1%，臭味影响占20.4%，因此而传播的疾病更无法统计。

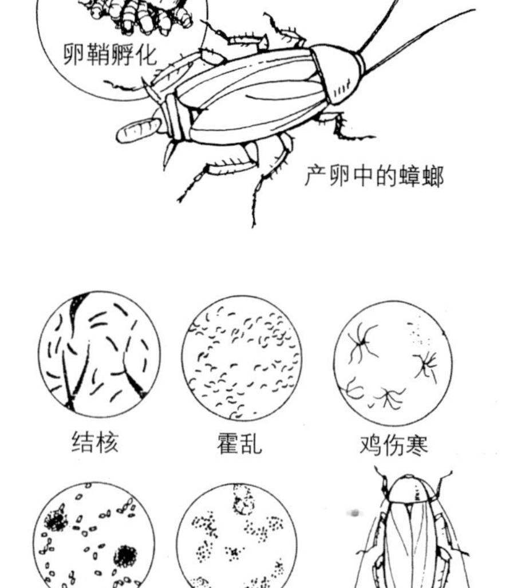

蟑螂身上带有数不清的细菌。

蟑螂对工厂商店的危害也很惊人，尤其是轻纺工厂，更是它兴妖作怪的地方。对102个厂商单位的调查证明，受害率达30.4%。如一家印染厂的漂白池中，因蟑螂粪粒在漂浆液中溶化，影响了印花和染色质量。在棉纺厂的调浆车间里捉到的蟑螂，经解剖，发现它吃的尽

是乳白色的浆液，每只含量竟达0.5克。据推算，其耗损粮食每年达千万斤以上。在乐器商店内，蟑螂也能将胡琴的蛇皮和弦线咬损。在无线电修理行中，也曾发现收音机、半导体的元件线圈被蟑螂产下的卵鞘和粪便沾污，经过氧化腐蚀后，线路断落。曾经美国从波音“747”大型客机中发现蟑螂已迅速蔓延，常常在各种仪表、导线中钻进钻出，影响仪器转运。

目前防治蟑螂用的芳香药物，已收效甚微。为了对付这可恶的东西，近年来，国内外学者正致力于研制新颖的治虫方法。科学家发现，昆虫都有一套自身编造的外激素和内激素，外激素是一种信息物质，它能在昆虫之间形成一套“化学语言”，以便寻找食物，选择配偶，鉴别敌友。蟑螂也不例外。美国、荷兰科学家已先后从雌性蟑螂中分离出引诱雄性蟑螂的物质，被命名为蟑螂酮A和蟑螂酮B。用一微克（百万分之一克）的含量，放在12米外的上风处，这种雌性气味即可引诱大批雄蟑螂，达到聚而歼之的目的。而且，他们经过不断研究，得到了这些物质的化学结构，为进一步人工合

成提供了依据。近年来日本科学家后来居上，从带薄荷味的香料植物中发现一种与蟑螂的雌性信息素一样的物质，能用以引诱雄蟑螂，这种物质可以简便而廉价地合成，便于工厂生产。此外，一般生物机体的生长发育，是靠着一种内分泌的激素物质在指导，比如人的脑垂体分泌过多或过少，就会变成巨人或矮子，分泌正常，生理发育也正常；昆虫也如此。美国昆虫学家从这里得到启示，正在研究一种控制城市蟑螂繁殖的变体素，将蟑螂幼年的激素固定在蟑螂体内，使蟑螂不能生长发育，这种内激素比我们目前消灭蟑螂用的杀虫剂要有效一千多倍。

螨类损害人体健康

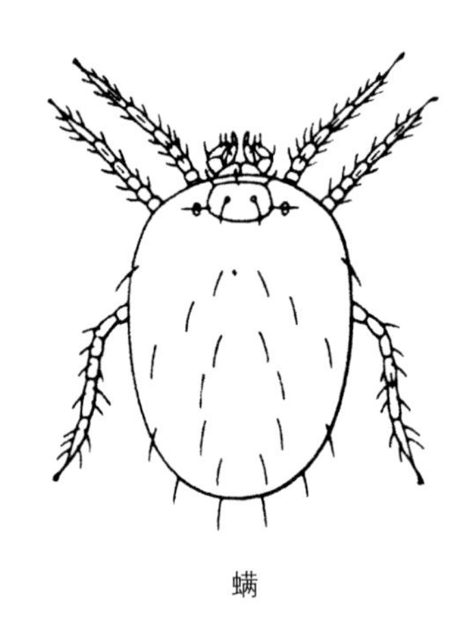

螨

螨跟蜘蛛是同一家庭，虽是节肢动物，但不属昆虫纲，不是昆虫，生活中常常有人把螨虫当成昆虫，这是错误的。螨在分类上属蛛形纲广腹亚纲蜱螨目，种类很多，有50万种，我国约有1万余种。

粉尘螨是粉螨的一种，因与人类的身体，疾病，生活中的吃、穿、住、行都有关系，日渐引起各方的重视。它依附在各种粮食的粉末上，褥垫、衣物的尘屑中，有时可在物体上面覆盖厚厚的一层，不少还伴随尘埃飘浮在空中，视觉难以觉察，却每时每刻在与你碰面之中。它专门啮食人体脱落的皮屑，随着人们的衣物搬动，尘埃飘扬，被人吸入呼吸器官，过敏者便产生咳嗽、哮喘、鼻炎、湿疹等疾病。尤其气喘病患者，其病情的轻重与衣物和被褥上粉

尘螨的数目消长有直接关系。

疥螨寄生在人体皮肤上，引起奇痒难忍的疥疱。雌螨常在人体皮肤下筑隧道产卵其中，卵孵化的幼虫爬出隧道外，它会在这块属于自己的领地上分泌一种化学物质，这种物质能很快腐蚀肌肤，使人体皮肤瘙痒，使皮肤布满新旧抓痕和血痂，让人不得安眠。

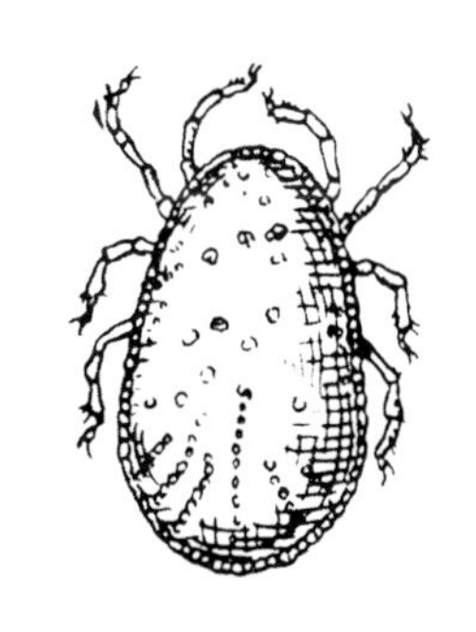

甜果螨生活在糖、干果、枣、甘草、山楂片、花生、奶粉、糕点等甜食品中，一只雌螨一周内能产卵25—30粒，多的可产卵70多粒，人们如果吞食了这些食物，会产生腹泻等肠道病，经久不愈。

螨类在显微镜下，有4对足，个体一般在0.5毫米左右，小的在0.2毫米，少数也有1—2厘米的。它虽小，但会爬行，能附着在其他动物身上，甚至利用风来扩散，所以极易传播。它饥饿时形如干瘪的碎叶片，饱食时形如颗粒葡萄，而粉尘螨器官虽小却发达，既能饿，也能食，还很灵敏。春秋二季25℃左右时，湿度大，是螨活动繁殖的最适温湿度，极易酿成螨类的猖獗。螨可以在土壤、海洋、江河、池塘中大量生存。除了昆虫，没有任何一类动物能够像螨这样足迹遍布地球各处。

毛毛虫的毒毛

时值夏秋，城市乡村道路的大树上，常有一种全身密竖着束毛的毛虫在蠕动。它们是昆虫中的鳞翅目、鞘翅目、膜翅目等的幼虫。这类毒毛虫至少有 21 目 100 余科，其中尤以鳞翅目中的蛾类幼虫占多数，全世界有 10 多万种，我国约有 4000 种，比如黄刺蛾、绿刺蛾（痒辣子）、松毛虫、桑毛虫等等。其幼虫身上有毒毛、毒腺，而且毒毛又长、又深、又密。早在 1200 年前，唐代《本草拾遗》中记载青腰虫“有大毒，着皮肉肿起。杀癣虫，食恶疮息肉，剥人面皮，除印字，印骨者亦尽”。当毒蛾大量产生时，其幼虫毒毛常随风飘扬，如果人们沾上毒毛，就会痛痒难受，坐立不安，殃及工作和生活。

这些毛虫在城市两旁的梧桐树、杨树上啃

食新叶，随着虫龄增长一次，就蜕皮一次，微风吹动，虫体蜕的皮就会飘散而下。在显微镜下观察这种多毛幼虫，可以看到它们身上的毒毛形状各异，其中有毒腺毛、毒针毛、刚毛、鳞毛。据研究观察，一条刺毛幼虫从小到大，要蜕皮4—5次，每蜕一次就长出更多的毛，到了最后它身上的毒毛会增至几十万根，每根毛比头发丝还细，只有40—300微米(1米=100万微米）。在电子显微镜下毒毛的尖端部分，既尖锐又锋利，像枚针尖，而毒毛上长满了倒钩，刺入皮肤后只会进不会出，你越抓挠，毒毛越往里钻。所以粘上毒毛后，不能用手抓挠，且指甲里有细菌，抓破皮肤极易感染。科学家对毒毛又做了解剖，发现它像根空心管子。在没有脱落前，刚毛连接着幼虫体毛根部的毒素腺体，其中含有淡黄色液体的成分，如将毒毛压断，便有少量液体从断口溢出。据分析这种毒素是由胺类蛋白质组成的，其中有组胺、乙酰胆碱等有毒物质，它能刺激人皮肤，导致红肿疼痛，甚至溃烂。

人的皮肤被毒毛沾粘后通常只要用透明胶

纸反复在皮肤上粘吸，或局部涂擦消炎止痒剂，或用炉甘石乳剂、碘酒、医用酒精等涂擦；奇痒时可适量服用抗组织胺类药物，同时不要用手指搔抓，以防搔破感染。当前，最好不要在没经喷药除虫的树下乘凉，平时更不要将衣物吊晒在树干底下，以防蜕皮的毒毛粘附其上，伤及人肤。

正在啃食树叶的毛毛虫。
（图片来源：全景）

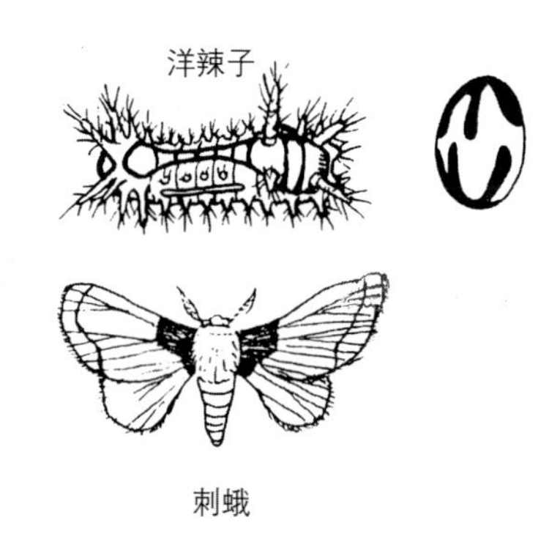

刺蛾

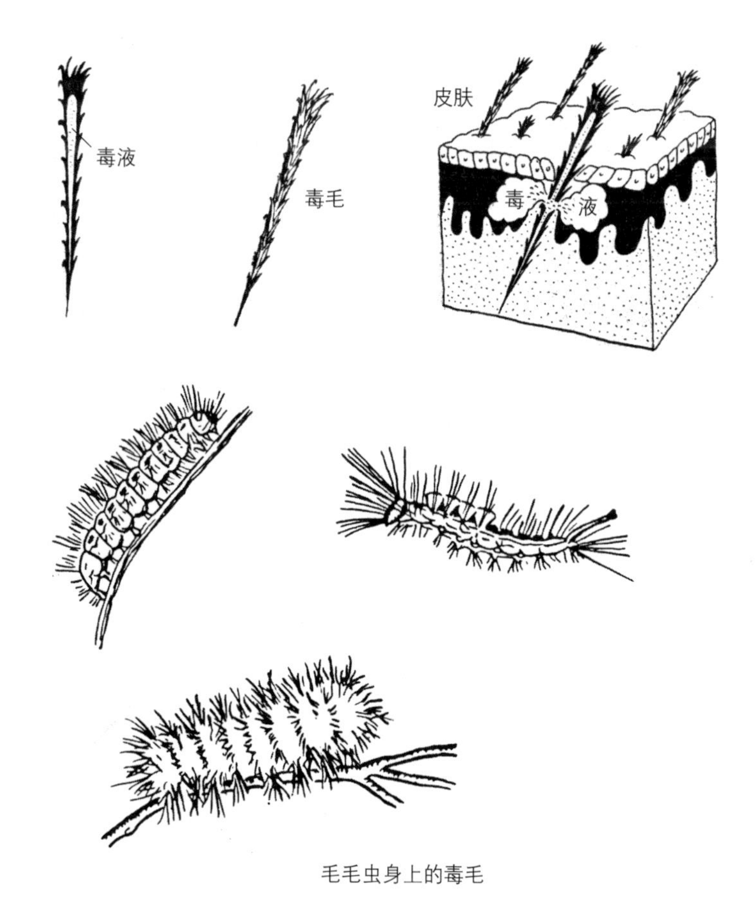

毛毛虫身上的毒毛

第五章

人与昆虫的较量

天气渐热防蚊虫

伊蚊，俗称花脚蚊，它是传播乙型脑炎和登革热的重要蚊种。长久以来，人们误以为蚊虫都是“昼伏夜出”，其实不然，在蚊虫世界中，有一大类的伊蚊就是白天咬人，在上海及其邻近地区白天活动最普遍的白纹伊蚊，是流行性乙型脑炎的主要传播者。乙脑多发于10岁以下的儿童，夏秋流传面广，由于多年来气候变暖，在春末夏初也要慎防为好。每当白纹伊蚊和淡色库蚊叮咬感染乙脑的病人或动物（家畜、家禽都能感染），其病毒便进入蚊体，乙脑病原体在雌蚊体内发育繁殖，增殖数量在虫体内能高达5—10万倍，待蚊子再转而叮咬正常人体时，又将病原体注入人体，由病原体引发感染；并且病原体能在雌蚊的卵巢内发育，传至下一代

蚊子，如此周而复始，传播更广，危害甚烈。

蚊虫种类很多，全世界有3000多种，我国就有300余种，分布广泛，其中按地域分类，在上海及邻近地区有24种。常见的有中华按蚊、淡色库蚊、俗称花脚蚊的白纹伊蚊三类。

按蚊又称疟蚊，根据WHO（世界卫生组织）报告，目前世界上有2亿人因被叮咬而患疟疾，这种疾病的症状是周期性的寒颤、发热和出汗，对年幼的儿童尤为凶险，仅在非洲每年都要夺去100多万儿童的生命。按蚊主要在黎明晨曦期间攻击人体。

库蚊又称家蚊，它善于在傍晚向人、畜叮咬，喜于室内或居室附近活动，日落、日出前后成群在低空飞舞、交配，其雌蚊向人体密集间缠飞咬叮。因长期使用杀虫剂，不少蚊种已产生抗性，特别是挥发性低的熏杀剂或早期市售的杀虫剂，其药效已有限。库蚊是丝虫病和乙型脑炎的重要媒介蚊种。丝虫病是由蚊子携带的丝虫引起的，这种丝虫寄生在人的淋巴系统和肌肉组织里，由此引发四肢或人体其他部位肿大，因此称为“象皮病”，这在农村尤其多见。

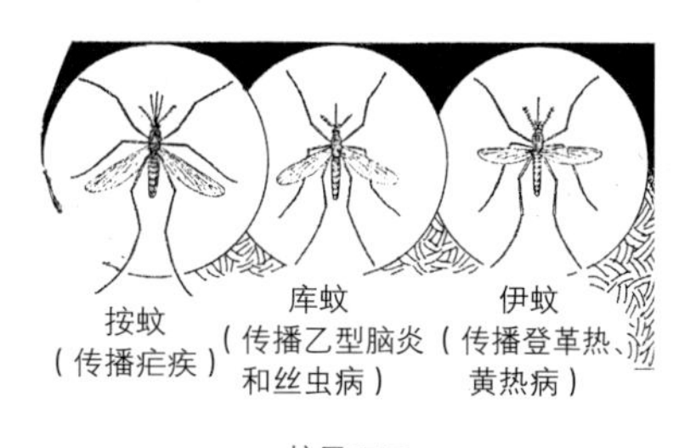

蚊子工厂

国外尚有一种犬恶丝虫，是在家犬中寄生，转而传播到人体的，其疫缘来自蚊子和丝虫。我国养宠物者越来越多，如有传播通道，后患无穷，为此定要加强进口的动物检疫工作，严防疏漏。

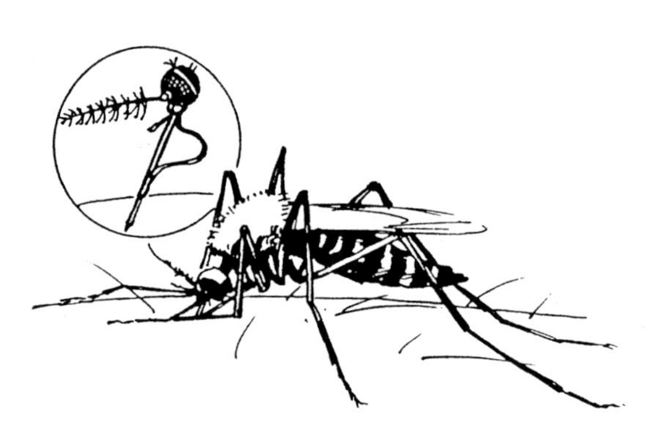

蚊子在吸血。

治蚊新篇

谁都讨厌嗡嗡直叫的蚊子，每当春暖季节，它们便大量孳生繁殖，传播疾病，危及人的健康。目前世界上每年有1亿5千多万人因蚊咬而患疟疾，仅非洲一地每年有100多万儿童死于非命。以往灭蚊主要采用化学杀虫剂，由于大量使用，已有80多种蚊虫对杀虫剂产生了抗药性。为此，国内外学者正致力于研究新颖的治蚊方法。

以光灭蚊

近几年来，研究家们从光波的角度对昆虫做了探索，发现不少昆虫的眼睛不仅能感受可见光，而且能感受人眼看不见的光线。光是电磁波，可以用波长来表示。人眼能够感受到的光波范围，其波长约由7600 Å(Å是波长的单位)到3900 Å。而短于3900 Å到2000 Å的称为紫

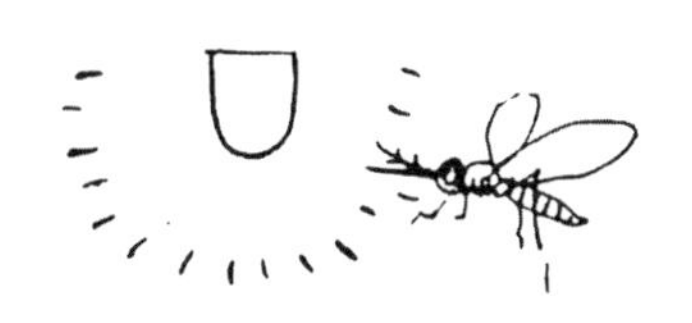

紫外光灭蚊

外线、短紫外线等。这样的短光波人眼感觉不到，但蚊虫的复眼视网膜上，有一种叫“视杆”的感觉细胞，其中有一种视色素，它对于紫外线有很强的趋光性，蚊虫就利用自己发达的复眼，发射“紫外雷达”，来探索周围环境，蚊虫一旦发现紫外光线就去“赴会”。

人们投其所好，设计了一种利用紫外光波来大量引诱捕获蚊虫的仪器。国外已生产了一种适用于郊外空旷地区捕蚊的紫外灭蚊灯，它在蚊子活动高峰的季节，一个晚上可诱捕几十万只。最近为了适应家庭灭蚊，人们又设计了一种家用电子灭蚊灯，对人体和眼力均无影响。这种方法简便可靠，效率高，将逐渐推广到农村、工厂、餐馆、医院和家庭等方面使用。

遗传灭蚊

遗传防治先要建立一个蚊子工厂。在工厂里，用仪器将雌雄蚊虫自动分离，对雄蚊做专门饲养。然后经过辐射、化学、杂交等方法，促使雄蚊的遗传物质发生变化，使其精子的染色体分开断裂，又人为杂乱地掺合在一起，改变原来的排列次序，以致形成“乱了套”的染

色体，从而使雄蚊的精子失去活力或没有精子，造成子代不育。研究者还利用蚊虫在群体间相隔较远的两性交配，产生遗传细胞不亲和的现象而不育。也有的正在探索利用蚊虫本身的有害基因来杀灭蚊虫的方法。

国外科学家把蚊子工厂中那些经过不育处理后的雄蚊，以几倍于野外雌蚊的数量大批释放，与野外雌蚊交配，使其不育，若干代后野外群体便趋于减少，直至灭亡。美国昆虫专家在佛罗里达州的一个海岛上先后释放了 4 万多只不育雄蚊，当蚊虫繁殖到第四代时，卵块不育率已达到 85%。他们又在萨尔瓦多的一个湖边进行了一次大规模试验，试验区内共释放了 436 万只不育雄蚊，野生蚊虫的能育性受到抑止而逐代减少，几个月后只捕到一只雌蚊，还是不育的，几乎达到全歼。印度科学家在德里附近一个村庄每隔一天释放 8 万多只不育雄蚊，四个星期后采集了 100 多个卵块进行观察，发现 95% 是不育的。

以声灭蚊

昆虫的听觉范围和辨别能力，是相当惊人的。雄蚊虫身上长着无数触须，尤其在它的头部长有两根极灵敏的触角，在细如丝状的触角上又轮生出许多刚毛，每根刚毛生有密集的感觉细胞，它仿如“雷达天线”，一直在探测各种声波。每当雌蚊翅膀振动时，便会发出一种轻微而尖锐的声波，这种声波撞到雄蚊触角的感觉细胞后，雄蚊的感觉细胞立刻报告脑部的神经“指挥”细胞，于是雄蚊迅速得到“情报”，飞到雌蚊那里“赴约”，双双堕入情网。

针对雄蚊的这种性行为，美国科学家做了一个实验，用音叉的声音来代替雌蚊，使音叉颤动，发出“营营”的声音，结果，大批雄蚊纷纷飞来；而静止的、并未振动的音叉，就招引不到很多雄蚊。颤动的音叉之所以能招引雄蚊，是因为音叉发声的频率与雌蚊翅膀所发出的声波频率是接近或一致的。从观察发现，当音叉发出的声波频率为300赫以上时，雄蚊触角移动幅度就大；当在300赫以下时，触角移动就随之减少，这与雌蚊的翅膀在飞行时的挥

动频率，是一致的，雄蚊正是根据这个声波来确定与雌蚊的“约会”地点的。科学家利用这一原理，模仿雌蚊所发出的频率，致力于研制类似蚊虫声波的电子诱捕器，以诱导蚊虫自投罗网。

以声灭蚊

粉尘螨不可轻视

近年来，过敏性气喘病发病增多，伴随发生的有过敏性鼻炎、特应性湿疹、慢性荨麻疹，据调查这与螨类中的粉尘螨有关。

防除螨的危害，要平时防与医治结合，粮食不宜过多购置家藏，粮食什物平时不要与睡床和衣柜放置在一起，堆放注意干燥。充分做好家庭环境卫生和个人卫生是防治螨类的重要措施，因为粉尘螨喜藏于阴暗潮湿的屋间。空调机进入千家万户，殊不知为螨的繁衍创造了条件，尤其是居住条件差、久久与外界隔绝的楼宇，因此，平时通风透光是不可少的。人体皮屑也是螨的主要食物，平时掸拍一切床褥、毛衣、棉衣等尤为必要，烈日曝晒也能除螨。

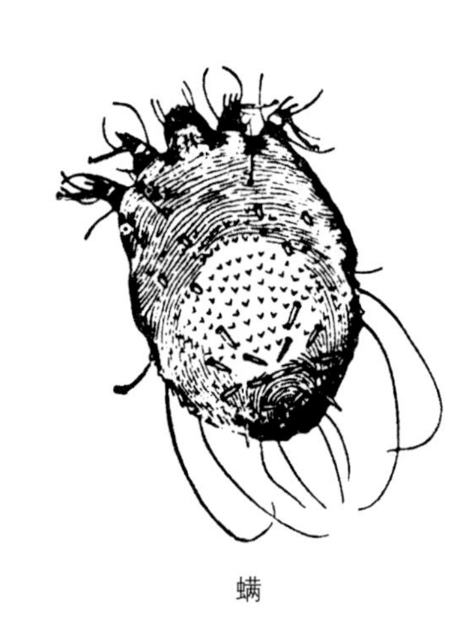

螨

晾晒除螨
（图片来源：全景）

灭蛀虫注意人体安全

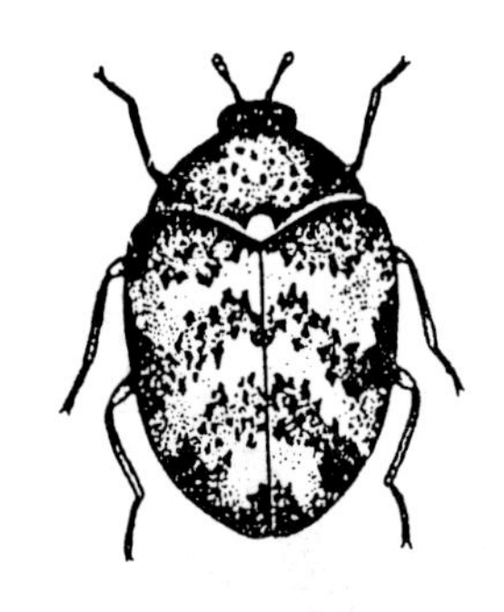

皮蠹

衣蛾，俗称衣裳蛀虫，于每年春夏之间在空中飞翔，专门寻觅晒在空中的毛织衣物，然后雌雄成虫双双飞上去交配产卵。虫卵在丝织物、皮毛、皮革、羽毛等毛丝织品上孵化成小蠹虫（幼虫），毛织衣服就成了它们的“粮食”仓库。小蠹虫每吃一餐，衣物上便出现有不平齿缺的蛀孔，吃得多，小洞就更多、更大。伴随着蠹虫的传宗接代，毛织物就被它们蛀得千疮百孔了。

换季时节，对贵重服装如裘皮大衣、皮夹克、羽绒服、羊毛绒线衫裤除科学洗涤外，要在晴朗天气晾晒，掸拍，并用刷子多刷几遍，以驱逐虫卵。还要置入一些樟脑丸或樟脑精块，但切莫在地摊等处购买没经有关部门注册的所

谓樟脑丸（块），因为伪劣品多含有致癌的化学物质。

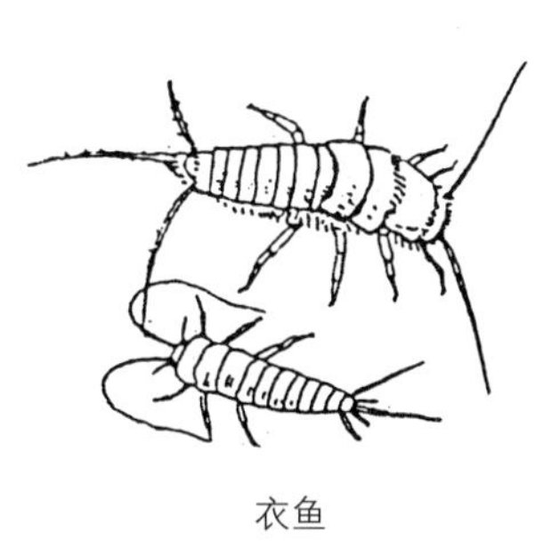
衣鱼

如衣物被虫蛀，时下多用药物处理。但切勿滥用苯类、萘类杀虫剂，此类物品除污染环境，还对人体有害，有致癌、致畸作用，是国家严禁的。

居家防蛀除虫，一定要到正规商店购买环保型的杀虫产品，若用药剂量大，一定要注意操作安全，谨防人体受伤。

家用樟脑丸

臭虫的危害

臭虫

臭虫属半翅目臭虫科，形体虽小，危害却很大，既吸人血，又扰得人们不得安眠，影响休息。臭虫可分泌碱性唾液，使人被咬处的血液不凝，便于它吸取。

臭虫的吸血量比其体重要多1—2倍，当它饱餐一顿后可数日不吃，甚至忍饥半年以上不死。

臭虫体内的臭腺可制造一种散发臭味的气体，以供传递臭虫间的活动信息之用。臭虫在白天就发出一种结集信号。夜间，结集信号解除，臭虫利用触须能测知熟睡时人体的体温所发出的热辐射，所以专挑人熟睡时，潜伏吸血。

遭遇马蜂不要惊慌

曾经，上海有一医院附近的一处盘踞在屋檐下的马蜂窝被不慎触动，导致大批马蜂闯入医院儿科病房，引起一场慌乱，后幸得区人民防空办公室的特种救援人员救援，才未造成损失。

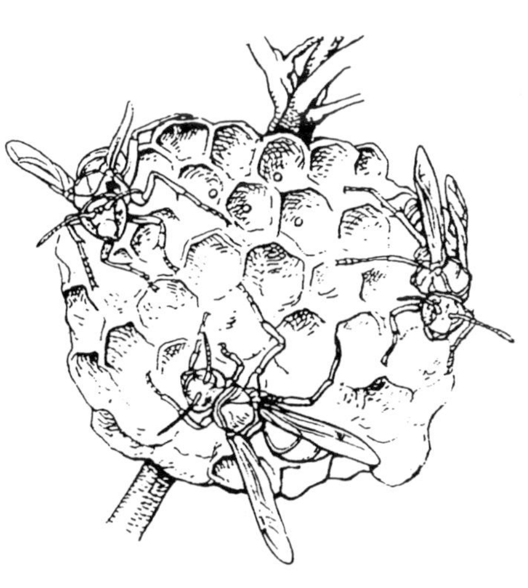
马蜂窝

其实，近年来，在上海的不少老式弄堂房子的屋檐下、梧桐树上频频发现筑有马蜂窝。那么，一旦发现了马蜂窝，或发生马蜂飞入室内的情况，该怎么办呢？

马蜂，学名胡蜂，又称黄蜂，属膜翅目细腰亚目胡蜂科，它与蜜蜂都是社会性昆虫，身上都长有尾刺作为防卫之用。它们组织性强，集体献身精神很突出，谁要是侵犯了它们中的“同胞兄弟”，它们就会倾巢而出、群起而攻之，

所以平时不要去侵犯它们，激怒它们。尤其不要去捅马蜂巢，因为蜂巢背后有一根柄，这根柄很坚韧，一时捅不下来反而会惊动了巢内的马蜂，受惊之下，它们会一拥而出，向惊动它们的人发动攻击。发现了马蜂巢必须报告本区的有关防治部门处理才对。如偶有几只马蜂穿门过街，遇上了就要避开，其实你在行走活动，昆虫也要活动，并非是向人攻击。可是昆虫（包括别的动物）与人的关系，常常会产生互相“干扰”、“防卫”、甚至望而生畏的心理状态，由此会产生不必要的后果，所以作为有理智的人类应先采取避而远之的方法。马蜂一般是不会主动向人进攻的，除非你去逗玩挑拍和追击它，才会受到反戈一击的侵袭。

一旦被马蜂蜇着了，也不要惊慌，应立即前往医院，由受过专门训练的医生采取消毒、护理措施。

马蜂有公蜂、母蜂之分，公蜂的头部呈圆形，触角黑褐色，尾部呈钝圆形，身上间隔有黑、黄条纹，黑条比黄条多；母蜂头部上圆下尖，触角呈黄棕色，尾部锥形，身体也是黄黑相隔

的横条，但黄条比黑条多。

马蜂的成虫主要吸食花蜜，这样对庄稼起到了传粉增产的作用。成虫为了哺喂幼虫，除饲喂蜜汁外，还捕来以蝶蛾幼虫为主的虫，将虫肉咬碎，抛弃内脏嚼成肉泥，喂给待哺的幼虫，据观察统计，一只中型蜂巢里的马蜂总共能捕杀害虫2000多条，所以马蜂还是灭虫能手呢！

挂在树上的马蜂窝。（图片来源：全景）

怎样灭头虱？

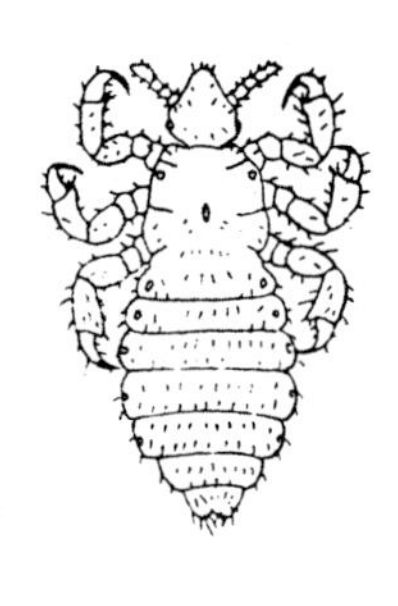

头虱

虱子，是一种较小的昆虫，种类不少，人虱尤其惹人讨厌。人虱又分体虱（衣虱）与头虱。头虱主要寄生于头发上，在腋毛、阴毛、肛门周围和胸部的毛间，甚至胡须、眉毛和睫毛间也会发现。

灭治方法：

1．通常用 20% 酒精浸剂（百部 20 克浸在 100 毫升的 70% 酒精内），灭杀时可将浸剂擦在头皮与头发上，也可用毛巾浸湿包在头上，连续数次后就能见效。

2．用除虫菊粉或除虫菊精 (0.1%) 配制的粉撒在头发里，在除虫菊剂中加入 5% 麻油（内含芝麻素）能增加杀虫效力。用除虫菊灭虱时，优点是见效快，缺点是性质不稳定，某些人对

它有过敏性，接触后会发生皮炎及皮肤瘙痒。

3. 将煤油与无刺激性的植物油等量混合，在睡前将此剂涂擦在头发和头皮上，用布巾包扎好，第二天早晨再用热肥皂水洗净。

4. 用 2% 来苏儿水溶液洗头，一小时后，虱及虱卵都能杀死，使用得当，一次就能奏效。

这几种方法可选用一种，并且注意：

1. 头虱毒死后，应该用细密的篦子将头发中的死虱篦去，然后用肥皂洗擦干净。

2. 注意个人卫生，经常洗澡更衣，洗头篦头，不要与有头虱的人交头接耳或同睡一床，也不要穿戴、使用有虱子的人的衣帽、梳篦或将这些衣帽、用具混放在一起。

让害虫得“神经病”而死

人和动物因种种原因会得“神经病”，严重的还会导致死亡。那么昆虫会不会得“神经病”而死呢？

产生抗药性

为了灭治害虫，过去发明了不少杀虫剂，如农民将“666”粉喷撒在作物上后，害虫在取食时，经过口器的咀嚼和吮吸吞进消化道，破坏消化道组织或抑制消化系统，从而失去了消化功能，使昆虫的胃肠中毒，得病而死亡，这种具有胃毒作用的昆虫剂称为胃毒剂。

但是，过去的胃毒剂都不是“万能”的，昆虫在生存斗争中，也慢慢地“学会”了适应杀虫剂的袭击，体弱的淘汰了，体强的保留下，它们对这种胃毒剂产生了抗药性，不怕这类杀

虫剂了，照样交配、繁殖、传种接代。多年来害虫又泛滥了，给粮、棉、油、果、蔬等作物造成的损失是无法估量的。

灭虫新创举

魔高一尺，道高一丈。科学家在治害虫方面又开始了新的探索，其中让害虫得“神经病”而死，就是一种收效极佳的创举。早在第二次世界大战中，德国法西斯为了消灭犹太人，将他们大批地送入焚尸房，法西斯通入一种毒气瓦斯，毒气被吸入人体后，使人的神经细胞中毒，人们即刻非常痛苦，全身剧烈地颤抖、痉挛而死亡，这种被称为杀人的神经毒剂。然而，为人类谋福利的科学家，他们把这种神经毒剂的化学结构经过科学的改变后，减低了对人体的毒性，却对昆虫的神经有剧毒，使害虫得“神经病”而死亡。

寻找关键酶

那么怎样才会使害虫的神经中毒呢？因为每种生物体在体内的新陈代谢过程中，有无数的酶类在催化、调节、控制体内的各种生理活动，它像机器中的润滑油，没有它，机器零部

件就会发热、停转、甚至烧毁。据科学研究得知，一个细胞中可能存在着将近3000种酶，每种酶都有一定的工作对象，它们各守其职，分兵把口，不能互相代替，却能互相制约、帮助，使生物得到正常的运行。如失去了就会出现问题。

在这众多的酶类中，有一种酶称为胆碱酯酶，它在生物体的神经组织中含量很丰富，能帮助神经细胞作正常的信息传递，而神经杀虫剂却会抑制这种酶的活动。当杀虫剂侵入神经细胞之间的结合对位时，它能切断这种酶的活动，使一个神经细胞与下一个神经细胞失去联系，发生混乱。此时虫体的神经系统便高度兴奋，于是害虫剧烈地颤抖、痉挛而处于麻痹瘫痪状态，不久便死亡了。

近年来科学家发明了许多对害虫神经有毒的杀虫剂，如敌敌畏、敌百虫、除虫菊酯等，这些杀虫剂只要喷到害虫身上，或在各种害虫经过的地方，只要害虫身体一接触这种杀虫剂，便会经过皮肤、呼吸道、口器进入昆虫的神经系统，起到杀虫作用。

生物治虫

生物治虫的迫切性

地球上的昆虫种群已被人描述的昆虫有75万种，害虫大约只占了其中的1%。然而，害虫却每年对庄稼和人类健康造成极大的危害。无奈之下，人类仍把杀虫剂作为防治害虫的主要对策，而新杀虫剂的产生步履维艰，要找出一种新药，往往要从1—2万种样品中才能筛选出，以致药价呈几何级上升。但是，半个世纪来已有440种害虫对许多杀虫剂产生了抗药性。同时伴随杀虫剂而来的是环境污染、物种濒于灭绝、害虫天敌大量减少等不利于人类持续发展的严重问题。

昆虫约在3亿5千万年前就来到世界上，人类则在200—300万年前才出现，可见昆虫可

以不依赖人类而存在。同样，昆虫绝不会因人类消失而消亡。曾有人考证，除了三种产生在人体身上的虱子外，几乎所有昆虫不会因此而灭绝。甚至，与人体寄生虱近亲的大猩猩虱子也还会存在。

但是，如果昆虫消失了，绝大多数开花植物由于失去了花粉的传播者，很快就会灭绝。大量的哺乳动物、鸟类和其他陆生脊椎动物，由于失去可食性的叶子、果实和可捕食的昆虫，也会随着植物的消失而销声匿迹。因此，昆虫灭绝了或是大量减少了，陆地上的生物链就会崩溃成原始的混乱状态，人类要遭受可怕的灾难，甚至被推向灭绝的边缘。由此可知，即便对付害虫，还是以不破坏生物链的生物防治为上策。

生物防治就是“以虫治虫”，用寄生性天敌、捕食性天敌以及病原微生物来控制消灭害虫。生物治虫由来已久，早在法布尔的巨著《昆虫》中就有用益虫制服“坏蛋”——害虫的主张。达尔文的祖父 Erasmus Darwin 在 1800 年提出用一种寄生在菜青虫体内的寄生蜂——姬蜂，

防治害虫的设想。19世纪中叶美国从大洋洲引进了129只澳洲瓢虫，大量繁殖后，一举歼灭了泛滥成灾的吹绵蚧害虫，引起各国的重视。英国从1880年到1969年，共引进害虫天敌223种，对120种害虫进行了防治，其中42种已得到抑制，48种害虫降低了危害性。美国引进和培育害虫天敌，每投资1美元，收益可达30美元；而杀虫剂每投资1美元，收益却只有5美元。前苏联、日本、瑞典、英国等国的"天敌投资"收效也相当可观，而且都有了"工厂化生产"。我国改革开放以来，生物防治的作物面积已达1.3亿亩以上。中国的害虫天敌虽有1000种以上，反水稻、棉花害虫的天敌就有几百种，但目前有效开发的并不多。

建立"天敌公司"

世界各国输引交流各自的昆虫天敌是近百年来生物防治研究的重点，引进天敌的成功率比筛选化学农药的成功率要大得多，美国为24.36%，加拿大为21.5%。我国已与世界10多个国家建立了天敌引种业务联系，并已引进天敌182种次，输出天敌104种次。

成立“天敌公司”是利用益虫的创举。美国农场王合资的天敌公司，已为220万个农场服务，已有3—4万个农场基本上停止了使用化学杀虫剂。天敌公司还把世界各国的优良品种引进美国

（图片来源：视觉中国）

“虫虫特工队”保护行道树

梧桐树是南京的行道树，夏天到了，梧桐树的树阴给南京城带来丝丝凉意。可是，梧桐树却有个大敌——天牛！夏天是天牛产卵孵化幼虫、危害树木的高峰期，园林部适时放出大招，派出肿腿蜂、花绒寄甲等昆虫组成的“试管杀手”和“虫虫特工队”，开展生物防治虫害，保护行道树。图上的梧桐树插上了装有天牛的天敌——管氏肿腿蜂的玻璃试管。

加以饲育，供国内外生物治虫用。天敌公司以投入低收效快、环境污染少而名扬世界。

澳大利亚几千平方公里的土地上，漫无边际地丛生着一种“霸王仙人掌”，它像铁丝网似地犬牙交错，成了人、作物、动物的禁区。不久前，天敌公司引进了一种阿根廷蛾，它的幼虫特别喜食仙人掌，仅在几年中就消除了2.5亿公顷的仙人掌。可是，阿根廷蛾也危害不少农作物。待仙人掌被清除后，为了对付阿根廷蛾，澳大利亚又从美国天敌公司引进了一种极微小的寄生蜂——小茧蜂。几十个小茧蜂聚在一起，仅仅有一粒黑芝麻那么大。它头上的一对触角虽然只有头发的几十分之一粗，却能嗅到散布在空气中阿根延蛾活动时的微量分子气味。它循着气味的方向，寻踪而去，用比自己身体还长的产卵器，刺破蛾子幼虫的身体，产下无数的卵粒。一周或半月后，蛾子体内的小茧蜂卵粒便孵化成幼虫，将蛾子幼虫的身体全部吃光。于是在澳大利亚的大片土地上既消灭了“霸王仙人掌”，又消灭了阿根廷蛾。天敌公司功不可没。

开发昆虫基因方兴未艾

现代生物学科已经发展到了分子生物水平。生物防治过去主要是以虫治虫，如今已进入了昆虫基因开发的新阶段。

昆虫学家在研究如何限制害虫时，也探索如何利用害虫。苍蝇是臭名昭著的“祸首”，可现代科学也能让它改恶从善，变害为益。美国科学家对苍蝇的利用，起初是生产“蝇蛆蛋白”，供饲料用；20 世纪 90 年代即进入“用医药生物和基因工程开发苍蝇”的高新技术阶段。美国建立了一座无菌苍蝇工厂，从实验到苍蝇成品的生产，都是在无菌操作下进行的。该工厂不但生产供饲料用的蝇蛆蛋白，还生产一种高纯度的供医药用的免疫蛋白。它能快速围攻消灭多种致病菌。其杀菌效力胜过青霉素类抗菌素千百倍。工厂又成功地将苍蝇体内一种抗菌蛋白质的基因植入诸如烟草类的植物中，培育出具有抗御虫害的白菜、卷心菜、烟草等植物，为昆虫与植物之间的基因转移开创了先列。

一种土壤细菌——苏云金杆菌（简称 BT），能产生对昆虫有毒的晶体蛋白质。科学家将这种 BT 基因转入棉花中，使作物细胞内产生一种毒素。这种 BT 毒素同样也可转入玉米、土豆中。一旦害虫侵害这类农作物，毒素就会发挥作用，致害虫于死地。目前，各国昆虫学家都把基因工程列为利用昆虫资源与生物防治害虫的前沿学科。

2006 年 1 月，北京举办了“科技创新重大成就展”。这是利用转基因技术，辅以生态育种、穿梭育种等手段培育的国产双价转基因抗虫棉。
（图片来源：视觉中国）

第六章

“吃昆虫”的学问

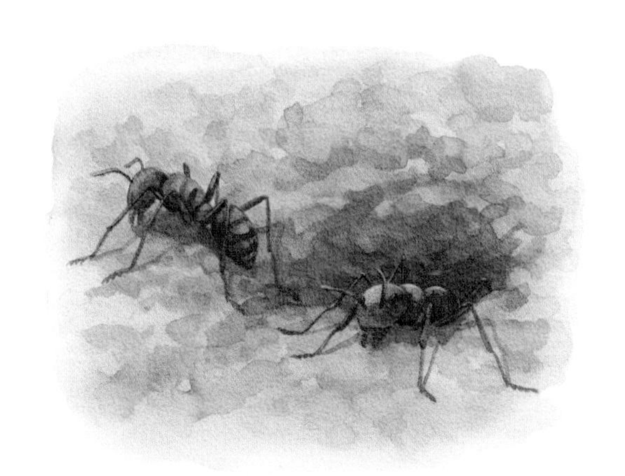

营养佳品——昆虫

蝗虫

蟹肉鲜美异常，人人皆赞，然而第一个尝蟹的人却皱眉疑惧。占动物界三分之二以上的昆虫中，至今经加工食用的为数不多，主要原因是如人类第一次尝蟹时的那种心理在作怪。

昆虫的营养价值颇高。曾经，在我国黑龙江国营红星农场有一位阎中山老人，他在七十二岁时掉牙，后来却长出了新牙，到八十五岁满口新牙基本长齐。他生活中与众不同的是有吃蚂蚁的习惯。他从 70 岁开始，夏季捕捉蚂蚁，然后用水冲洗晾干，在锅里炒后研成粉，加鸡蛋搅拌制成丸，入冬进九后，日服一丸。老人说，自吃蚂蚁后，身体轻松有力，精力充沛，十多年来没闹过病，牙齿是吃蚂蚁后长的。据知，在蚂蚁的体内含有人体所需要的 11 种营养成分，除了蛋白质、碳水化合物、铁质、钙质外，还有对人体生理有重大影响的特殊的化学物质。

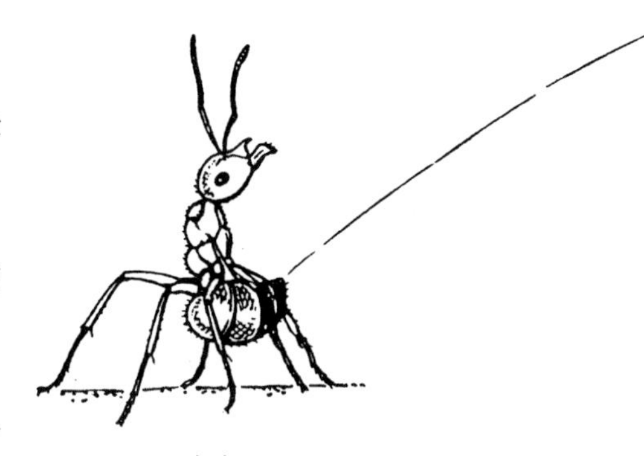
蚂蚁

据统计，我国自古以来可食用昆虫约有 800 种，其中常常被食用的约有 40 种。人们熟悉的蜜蜂和白蚁便是其中之一。科学家对许多昆虫做了营养分析和鉴定，证明昆虫的肌肉与血液都含有很多蛋白质和脂肪，其蛋白质含量在 30.8% 到 72% 之间，脂肪的含量为 10% 至 20%，特别是人体最需要的氨基酸在昆虫的血液里含量最多。此外，昆虫还含有各种矿物元素，如钙、镁、磷等。加拿大科学家豪斯说：从营养成分来看，昆虫与牛肉相仿。联合国粮农组织指出，氨基酸在昆虫体内都大大超过规定食品的含量标准，所以昆虫是一种极富营养的食品。

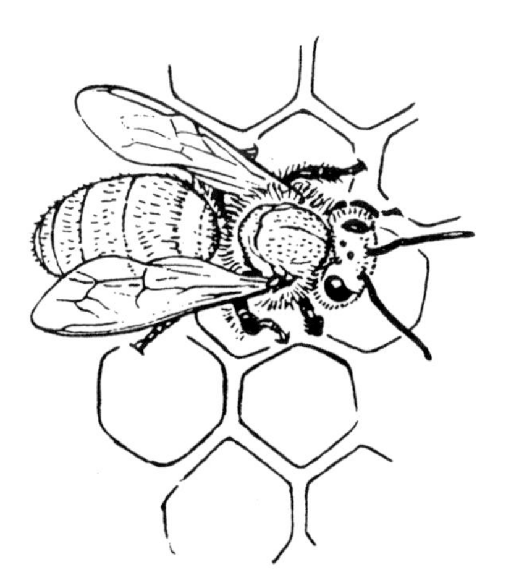
蜜蜂

择虫而食，择虫而用

“民以食为天”，这是古今中国人的警世恒言。然而，人类的食源到了21世纪，遇到了一件不可逃避的事实。

前不久，一位台湾昆虫分类学家指出，目前，人类对昆虫资源的利用已有十大类基础：1. 食用昆虫；2. 天敌昆虫；3. 医学昆虫；4. 工艺与娱乐用昆虫；5. 饲料用昆虫；6. 工业原料用昆虫；7. 改良土地昆虫；8. 教材用昆虫；9. 授粉昆虫；10. 指标生态昆虫。

现在可食用的昆虫有500多种，分属于22个目，占昆虫34个目的64.7%。据统计，美国的德克萨斯州，有1200万人口，1989年食用昆虫食品用去了5000万美元。

以“虫”为宴已愈来愈受到世界各国的青睐。

美国纽约昆虫学会成立100周年庆祝活动时举办“百虫宴”，有118位昆虫学家、学者和社会名流出席。无独有偶，在北京召开的中国昆虫学会成立50周年纪念会暨学术讨论会上，蚱蝉被堂而皇之搬上了餐桌，宴请了出席会议的600多位昆虫学家。

20世纪80年代以来，我国一些昆虫学家、营养学家和药学家及其他有识之士，都纷纷在《光明日报》、《中国食品报》、《中国科学报》、《世界科技译报》等报纸杂志，撰文介绍和推荐“昆虫食品”。他们高瞻远瞩，指出昆虫将成为资源革命中的后发效应。

食蜜先识蜜，保质才保健

养蜂食其蜜。蜂蜜自古就是人类的天然保健食品，具有对人体的滋补和药理功能。蜜蜂采集自然界植物的花蕊、花粉，经其唾腺内的酶素和蜜囊（胃）的反复转化，将花蜜中的蔗糖分解为两种化学成分，即葡萄糖和果糖，便于人体直接消化吸收。人体所需要的蛋白质、核酸、糖类、维生素和矿物元素在蜂蜜中全能找到。

将蜂蜜长期放置在常温下，不见霉变或质变，主要缘由是蜂蜜对各类菌属有较强的抗菌作用。蜂蜜含有抗氧化剂，还因呈酸性、含糖量高，保持着很高的渗透力，微生物无法在这种环境内生存。据实验得知蜂蜜对 60 多种细菌和 7 种真菌有抑菌作用。

我国年产蜂蜜已达 20 多万吨，但产品质量不尽如人意，部分产品有农药、抗菌素残留，而相关质检部门又难以经常全面地对其产品加以检验和指导。

那么，消费者该如何判断识别呢？一般可从色、香、味、形方面着手，即色浅、味香、口感好、黏稠度高、杂质少的蜂蜜为上品。可用干净的竹、木筷将蜂蜜搅拌均匀后，经嗅闻、

蜂蜜是常见的蜂产品。（图片来源：全景）

口尝，要无异味和油腥味；从瓶装或散装的蜂蜜表面看，如有较多泡沫、酒糟气味，口感酸性，此为质低的已发酵变质的产品。蜂蜜的色泽可有深浅，但要透明度高，液蜜中不可有杂物；也可将蜂蜜置于器皿内加3—4倍干净蒸馏水（凉开水也可），再加适量95%的乙醇液（酒精）慢慢搅拌，如见有白色絮状物，证明掺入了饴糖（麦芽糖、高粱饴等）成分，如无前物掺假，其液体较混浊，但不会出现白色絮状物。还可将适量（1—2匙）蜂蜜盛于器皿内，用煤气微火加热（蜂蜜中含有17%左右的水分），待加热后水分蒸发，冷却后见发软的即为纯净的蜂蜜，反之硬而脆的即是含蔗糖、饴糖之类的劣质产品。另外，放置时间长的蜂蜜多从底部形成结晶体，纯正的结晶体用手捻搓时，其晶体细软，似奶油般无沙砾感，而含蔗糖的用手捻揉时有较强的沙砾感，其结晶块大粗硬。

蜂王浆保健慎防伪劣

蜂蜜和蜂王浆都是蜜蜂中的工蜂“酿造”的产品。但两者性质截然不同，蜂蜜是工蜂采集花蜜，暂储在腹部的蜜囊（胃）里，经其唾腺内转化酶的作用，使花蜜中的蔗糖分解为葡萄糖和果糖，并将其中的水分浓缩到20%而甜度很高的蜂蜜，又含有各类营养成分，以供人体直接消化吸收。

而蜂王浆和蜂蜜不同，前者是动物性食物，后者是植物性食物。蜂王浆是哺育工蜂的舌腺和上颚腺的分泌物质，王浆含有蛋白质、脂质、无机盐、B族维生素、核苷酸、激素、有机酸、酶类等营养成分，王浆中还存在一种王浆酸，它对多种细菌和真菌有抑制作用，这也是检测蜂王浆的劣质和真伪的重要指标。

蜂王浆是专门用于喂养蜂王幼虫和蜂王的品质极高的营养品。普通工蜂只以蜂蜜为粮食，蜂蜜营养成分不及王浆，所以工蜂寿命只有30—50天左右。蜂王以蜂王浆为食物，它的寿命是普通工蜂的几十倍，长达4—5年之久，而且蜂王在产卵高峰期每天卵的总量可超过自身体重数倍，而6000只工蜂一天分泌的蜂王浆才达到100克，蜂王浆的神奇作用由此可见。

举世公认蜂王浆对人类是一种纯天然的高级营养滋补品，长期服用可明显改善睡眠，增进食欲，增强机体的新陈代谢和造血机能，提高机体的免疫调节功能。作为扶正强壮剂，它能延缓人体的衰老进程，对多数疾病特别是癌症以及老年性慢性疾病具有良好的预防和辅助治疗作用。

国内外科学家实验表明：食服蜂王浆对人体是安全的，长期服用也不会发生毒副作用。早晚各一次空腹服用（空腹服用不适者改在饭后半小时服用），每次5—10克，调匀在蜂蜜中效果更佳，避免沸水冲调（宜在50℃以下），王浆在−18℃存放，在两年内质量基本不变。

但取出待服时，时间较长的情况下，温度不能高于 4℃。

区别王浆的真伪除实验室质检外，消费者主要是用感官来检测品评。通常先是鼻嗅，在常温下鲜浆有一股鲜蛋白的特殊香气；质量低劣的气味不纯正，夹杂异味，还常有酸臭味。接着要看颜色、状态，有无杂质，质优的具有明显的光泽鲜嫩感，色质如鸡油，具半透明的黏稠半流体状；而贮存时间长、失效变质的则呈现灰暗感。此外新鲜的王浆略有酸、涩感，只在舌喉间有刺激性和辛辣感，口中无颗粒感，回味微甜；变质的则酸味浓重，无辛辣感，有苦臭味，掺蜂蜜的王浆较甜，有颗粒感。

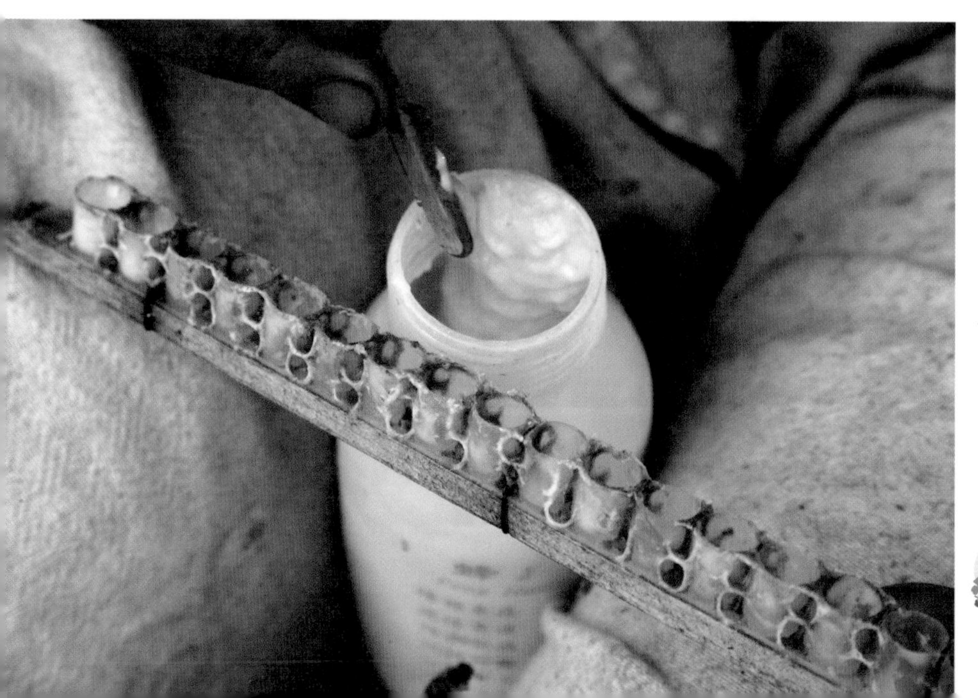

蜂王浆
（图片来源：全景）

入冬大补的冬虫夏草

冬虫夏草生长在海拔 4000 米左右的高山草原上，分布在我国四川、青海、西藏和贵州一带的崇山峻岭中，以青藏雪域出产的更具药用价值。近年来人工虫草培育也获得了突破性的进展。

冬虫夏草其实是生在昆虫幼虫上的真菌。这种幼虫很像一条蚕宝宝，它游荡在高原草地上，以食草为主。在生长过程中，因生物有种相依相存的共生习性，在草原上同时生长着一种真菌，这种菌靠自身的菌丝体起繁殖作用，

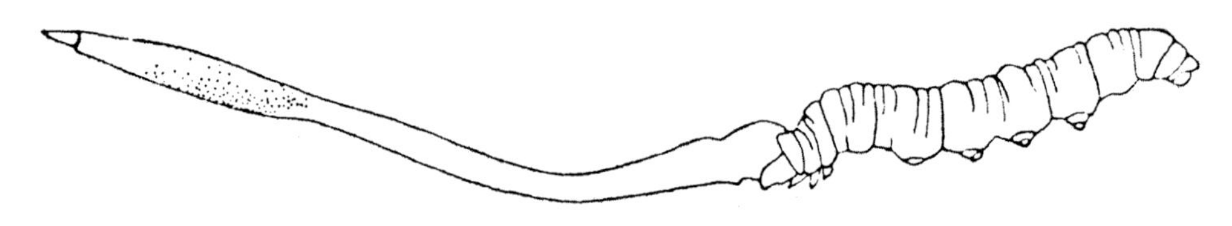

虫草

它蔓延播散，寻觅寄生物传代，它分化的子囊孢子在空中随风飞扬，一旦接触到虫体，便会钻入虫体内，吸收营养，萌发菌丝，寄生发育，幼虫由此得了真菌病，最终死去。到翌年春末夏初菌丝体便从虫的口部伸出一株小“芽”，渐渐变成了酱红色的子座体，转而成了一根僵硬的小棒，插在死去的虫口内。此时，虫与草宛如一体，这种既似虫又似草的生物体，就是冬虫夏草。

冬虫夏草并非一种，最近统计全世界共有260多种，我国已发现的有20多种，有蛾、蝉、蚁、蝇等，唯有我国青藏高原出产的野生冬虫夏草属上品，具有奇特的药效，药用成分含量最高，其富含虫草酸高达70%，这是由青藏高原特有的自然生态因素决定的，分类为虫草蝙蝠蛾，有“味甘性温、秘精益气、专补命门”和“保肺益肾、止血化痰”等功效。

现代科学分析告诉我们，冬虫夏草除了富含蛋白质、氨基酸、脂肪、维生素，还含有多种生物活性物质，其药用成分，有较强的抑菌作用，如对肺炎球菌、结核杆菌、链球菌、葡

萄球菌等病菌均有抑制机理，从而达到了增加心肌血流量、镇静、抗缺氧、催眠、降低血清胆固醇以及调节人身肌体免疫功能等效用。

虫草古来专治顽疾肺痨、咯血、喘咳。用冬虫夏草和鸭（雄鸭）或鸡合蒸，号称大补。“虫草炖鸭”曾是历代御膳的佳珍良方，是治疗肺结核和神经衰弱的保健良药，又是治疗肾虚阳痿、遗精早泄、腰膝酸痛和极度阳衰等疾病的良方。将冬虫夏草与肉类炖食，也有明显的滋补功效，如“虫草煨狗肉”，不仅营养丰富、色鲜味美，而且对肺结核、病后体虚、盗汗、贫血等亦有显著疗效。虫草浸酒是善饮酒者的食疗方法，每天定量酌饮一杯，更辅以酒中的虫草2—3条，细细嚼服，对四肢凉痛和肌肉抽筋萎缩、病后体弱和失眠者均有理想的调疗。但冬虫夏草不是包治百病的灵丹妙药。

然而从市场抽查发现，有10%—20%的冬虫夏草是假的。有的“冬虫夏草”的“草”（即菌株）不是从口里出来，而是长在虫的头部上，有的则长在尾部，捏住虫草稍用力便会虫、草分离呈粉状，而正常的虫草是不会呈粉状的。有的“冬虫夏草”体色是用黄粉浸水染上去的，

且其粉末会脱落，去掉“草”的“冬虫夏草”活脱脱是一条蚕样的虫体，“虫体”光滑。还有的索性用人工在模型中加面粉和黄色染料经过压制而成。有的仅仅是普通的地蚕，有的是用亚香棒草来取代的等等。值得一提的是，地摊上的冬虫夏草几乎无一真品，全是用淀粉类模压伪造的，全无虫草成分；不仅不可食用，还可能危及健康。所以，购买一定要看国家药检的各类达标证书标签，如“国药准字”、“药理毒理”、“性状”、“适应症”、“厂址”、“批号”等等，切莫上当受骗。

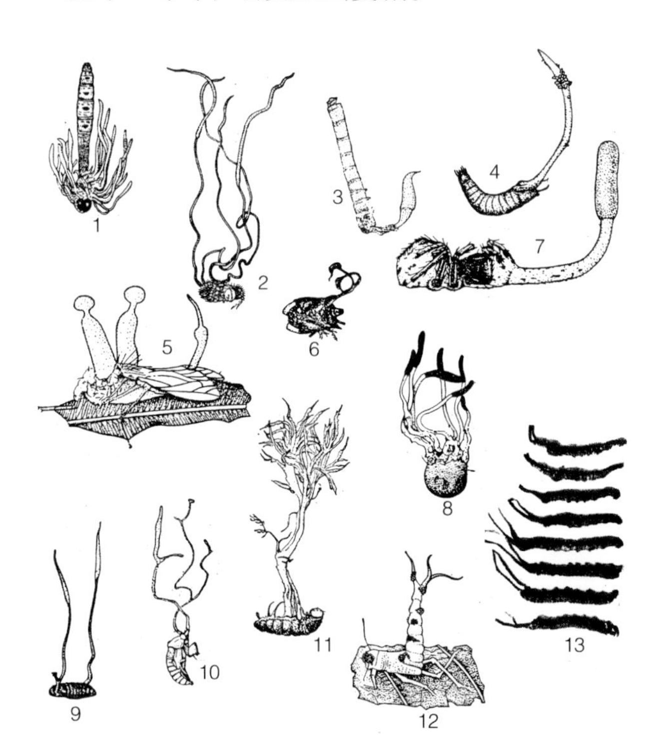

各种形态的冬虫夏草

1. 青虫虫草　2. 毛虫虫草　3. 点蚤虫草　4. 步甲幼虫虫草　5. 苍蝇虫草　6. 蜻象虫草　7. 蜘蛛虫草　8. 菌生圆形虫草　9. 花插蛹虫草　10. 跳蚤虫草　11. 蝇蛆虫草　12. 叶蝉虫草　13. 蝙蝠蛾虫草

后记

爱妻走了，我在孤独中才知道出入人间仅需一口气，却伴随着难以忘怀的、长长的、深深的情，我热泪盈眶，暗泣断肠。

她回望人间，最后一眼只是落在我身上，叮嘱我莫悲伤，化悲伤为能量，把以前没有做完的文字残稿，以及那些已发表的文章，补阙整理，重振心态，继续把路走下去。

于是在凄凉而沉痛的思念中，我把发表在各大报纸、杂志、综目中的文章翻了出来。这是她缠绵病榻之时为我搜集、剪辑、编排在一张张的白纸上，又分类编目供我有序地查改的，计算下来有 200 篇之多，予以重新出版。

在此，为了寄情已故的爱妻，谨献此书。

在此，谢谢出版社的领导、编辑出版了此书。

柳德宝

2018.1.8

图书在版编目（CIP）数据

我们周围的昆虫 / 柳德宝著. —上海：华东师范大学出版社，2018
（生活中的生物学）
ISBN 978-7-5675-8232-3

Ⅰ. ①我…　Ⅱ. ①柳…　Ⅲ. ①昆虫学–青少年读物
Ⅳ. ①Q96-49

中国版本图书馆CIP数据核字（2018）第199025号

生活中的生物学

我们周围的昆虫

著　　者　柳德宝
文字整理　唐　艳
责任编辑　刘　佳
审读编辑　林青荻
装帧设计　高　山
封面设计　风信子

出版发行　华东师范大学出版社
社　　址　上海市中山北路3663号　邮编 200062
网　　址　www.ecnupress.com.cn
电　　话　021-60821666　行政传真　021-62572105
客服电话　021-62865537　门市（邮购）电话　021-62869887
地　　址　上海市中山北路3663号华东师范大学校内先锋路口
网　　店　http：//hdsdcbs.tmall.com

印 刷 者　上海丽佳制版印刷有限公司
开　　本　787×1092　16开
印　　张　10.75
字　　数　101千字
版　　次　2019年1月第1版
印　　次　2019年1月第1次
书　　号　ISBN 978-7-5675-8232-3/Q · 063
定　　价　56.00元

出 版 人　王　焰